ARBEITSGEMEINSCHAFT FÜR FORSCHUNG
DES LANDES NORDRHEIN-WESTFALEN

GEISTESWISSENSCHAFTEN

Sitzung
am 18. Juni 1952
in Düsseldorf

ARBEITSGEMEINSCHAFT FÜR FORSCHUNG
DES LANDES NORDRHEIN-WESTFALEN

GEISTESWISSENSCHAFTEN

HEFT 4

ABHANDLUNG

Werner Caskel

Lihyan und Lihyanisch

Springer Fachmedien Wiesbaden GmbH

ISBN 978-3-663-00760-9 ISBN 978-3-663-02673-0 (eBook)
DOI 10.1007/978-3-663-02673-0

Ursprünglich erschienen bei Westdeutscher Verlag - Köln und Opladen 1954

VORWORT

Hiermit erfülle ich das Versprechen, das ich in meiner Festrede am 24. Mai 1950 „Das altarabische Königreich Lihjan", Kölner Universitätsreden 8, Krefeld o. J., S. 29, gegeben habe. Ich bin viel weiter gekommen, als ich damals ahnen konnte. Die Übersetzungen und damit das Gesamtbild unterscheiden sich wesentlich von dem, was bisher galt.

Ich transkribiere arabisch, teils weil die bisherige hebräische Transkription zu falschen Assoziationen führen kann, teils um das Interesse der Araber selbst zu erwecken. Inzwischen sind auch die Herren Lankester Harding und Littmann zu dieser Methode übergegangen.

Wenn ich bei den Übersetzungen häufig von den Schulregeln der Epigraphik abweiche, so ist das nicht nur aus drucktechnischen Gründen geschehen; bei der Kürze der Inschriften ist die Zeilenangabe für den Laien überflüssig, während sich der Gelehrte ohnehin zurechtfindet.

In der Interpretation der Namen bin ich sehr zurückhaltend gewesen, wobei ich mich auf *J. J. Hess,* Beduinennamen, berufen kann.

Köln, Ostern 1953 *Werner Caskel*

INHALT

A b k ü r z u n g e n

von Büchertiteln

Boneschi	=	L'inscription en charactères Proto-Arabes d'un cylindre-sceau Babylonien. RSO, 28, 105—07.
Cohen	=	*Marcel Cohen,* Documents sudarabiques, Paris 1934
D	=	*Doughty,* das S. 15 zitierte Werk
DM	=	*Doughty* bei *Müller*
Euting	=	*Euting,* das S. 16 zitierte Werk
EM	=	*Euting* bei *Müller*
Grimme	=	*Hubert Grimme,* Neubearbeitung der wichtigeren dedanischen und lihjanischen Inschriften, Le Muséon, 50/1937, 269—322
H	=	*Huber,* das S. 16 zitierte Werk
JS	=	*Jaussen* et *Savignac,* das S. 16 zitierte Werk
M	=	*D. H. Müller,* das S. 15 zitierte Werk
MoMi	=	*J. H. Mordtmann* und *Eugen Mittwoch,* Sabäische Inschriften, Hamburg 1931
v. d. Branden	=	*Alb. van den Branden,* S. M., Les Inscriptions Thamoudéennes, Louvain 1950
W	=	*F. V. Winnett,* A Study of the Lihyanite and Thamudic Inscriptions, Toronto 1937
WM	=	*Winnett,* Notes on the Lihyanite and Thamudic Inscriptions, Le Muséon, 1938, 299—310

Sonstige:

ar	=	arabisch
aram	=	aramäisch
assyr	=	assyrisch
äthiop	=	äthiopisch
babyl	=	babylonisch
ded	=	dedanisch
ded-lih	=	dedanisch-lihyanisch
edom	=	edomitisch
frühlih	=	frühlihyanisch
früh-spätlih	=	früh-spätlihyanisch
frühostar	=	frühostarabisch
hadr	=	hadramautisch
hebr	=	hebräisch
kan	=	kanaanäisch
min	=	minäisch

minäis	=	minäisierend
nab	=	nabatäisch
neuar	=	neuarabisch (einschließlich der Dialekte)
nordmin	=	nordminäisch
qat	=	qatabanisch
sab	=	sabäisch
saf	=	safatenisch
spätlih	=	spätlihyanisch
spätnordmin	=	spätnordminäisch
südar	=	südarabisch
syr	=	syrisch
„tham"	=	„thamudisch"
b.	=	bin ... Sohn des

Häufig vorkommende Namen wie Dedān, el-Ḫereibeh, el-Ḥigr, Liḥyān, el-ʿŌlā, Tebūk, Taimā, Talʿat el-Ḥammādī sind nur einmal mit diakritischen Zeichen versehen, theophore Namen zum schnelleren Erkennen durch einen Bindestrich in ihre Bestandteile zerlegt worden.

Bei der Transkription ist Hamzah im Wortanlaut unbezeichnet gelassen, ġain aus drucktechnischen Gründen unten punktiert.

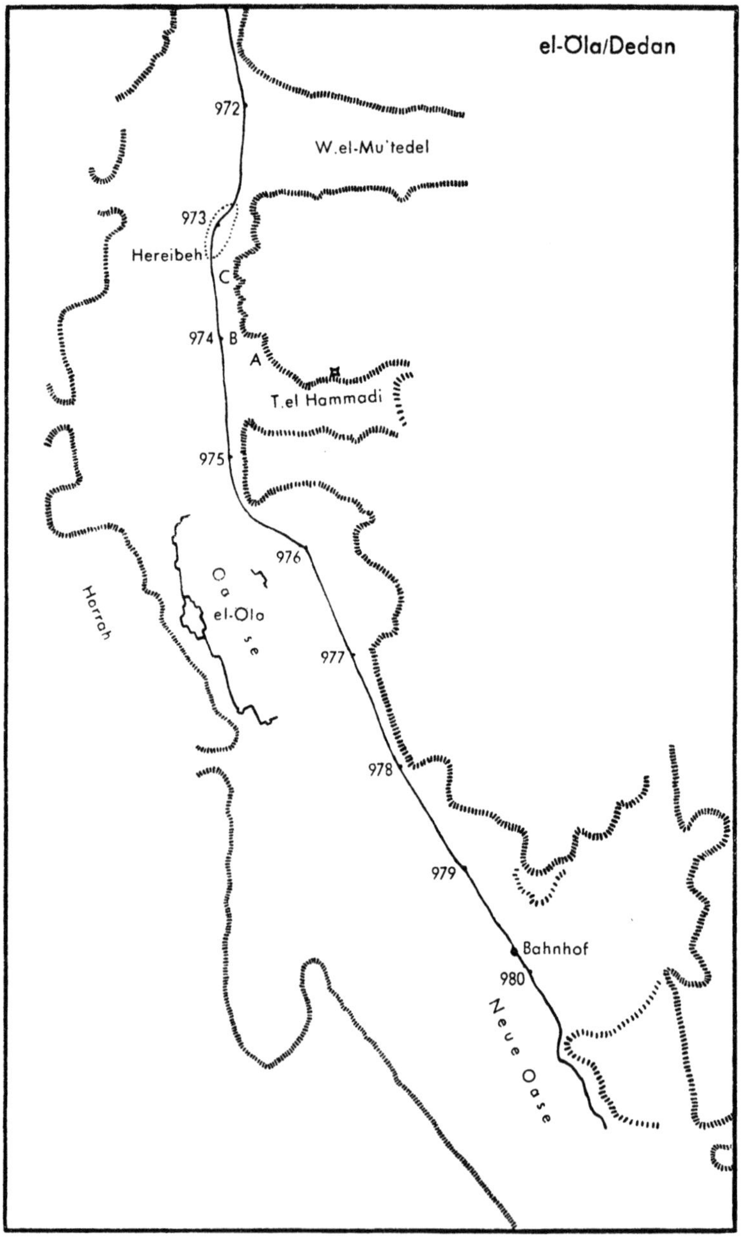
el-Ōla/Dedan
972
W.el-Mu'tedel
973
Hereibeh
C
974
B
A
T.el Hammadi
975
976
Oase
el-Ōla
Harrah
977
978
979
Bahnhof
980
Neue Oase

Karte 1

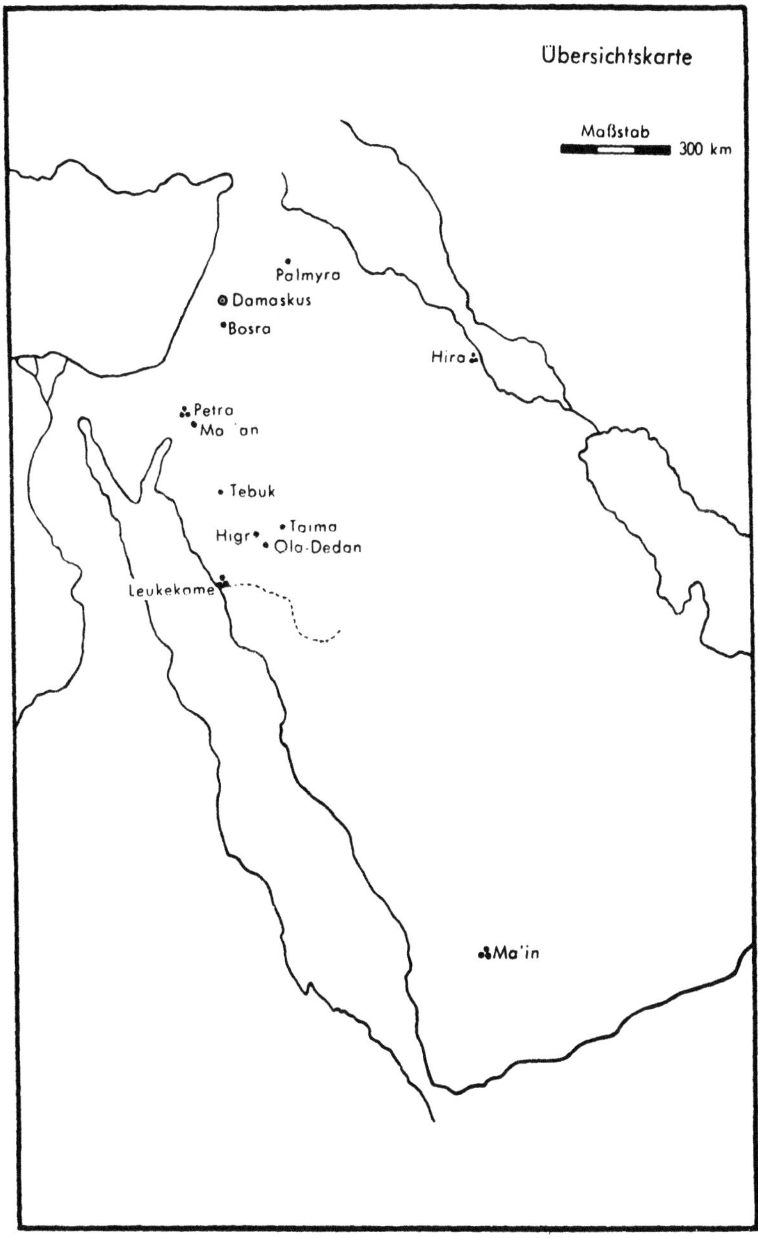
Übersichtskarte
Maßstab
300 km
Palmyra
Damaskus
Bosra
Hira
Petra
Ma'an
Tebuk
Taima
Higr
Ola-Dedan
Leukekome
Ma'in

Karte 2

Lihyan und Lihyanisch

Sprache und Kultur eines früharabischen Königreiches

Professor Dr. *Werner Caskel*, Köln

Die Entdeckung von Dedān

Dem Pilgerzuge, der im Spätherbst 1876 von Damaskus nach Mekka aufbrach, folgte ein Fremdling, Charles Montague Doughty. Er hatte Geologie studiert und gelehrt, dann war er einsam durch Südeuropa und Ägypten, auf dem Sinai und in Syrien gewandert. In Maᶜān, der letzten Pilgerstation auf syrischem Boden, hatte er von Ruinen gehört, Medāin Ṣāliḥ, welche die Karawane in sieben Tages- und Nachtmärschen erreichte. Ṣāliḥ, so stand es im Koran zu lesen, war ein Prophet, der sein Volk, das in Felshöhlen wohnte, die Thamūd, vergebens zu Gott gerufen, bis es plötzlich von einem Erdbeben verschlungen wurde. — Es war nicht Wissensdrang allein, der Doughty in die Einöden Arabiens trieb. In ihm lebte ein Wunsch nach übermenschlichen Leiden, aus denen ein Werk der Sprachkunst geboren werden sollte. Beides ist ihm zuteil geworden.

Während die Pilgerkarawane ihren Weg nach Mekka fortsetzte, blieb er in dem einsamen Fort von Medāin Ṣāliḥ zurück. Erst nach langen Wochen — in der Umgebung schwärmten räuberische Beduinen — durfte er die Ruinen besuchen. Es waren keine Höhlenwohnungen, sondern Höhlengräber, mit hellenistischen Vorbauten; ein schwaches Abbild jener wundersamen Fassaden, die er vordem zu Petra im Ostjordanland angeschaut hatte.

In einem Sandsteinmassiv, dem Gebel Eṯlib, tat sich ein Gang auf, der an Nischen mit Göttersymbolen[1] vorbei zu einem leeren Höhlentempel führte. Er fand auch Inschriften und Graffiti[2], die er als nabatäisch erkannte. Er hatte Ḥigrā entdeckt, das Egra der Römer, el-Ḥigr[3] der Araber,

[1] Reliefnachbildungen der rechteckigen Steine, die als Wohnsitz der Götter galten.

[2] Kurze, in den Fels geritzte Inschriften.

[3] So wird Medāin Ṣāliḥ von nun an in dieser Abhandlung genannt, weil der alte Name den Arabern noch bekannt ist.

das Emporium und die Totenstadt im südlichen Teile des Nabatäer-Reiches, wie es im Norden Petra war.

Ein Ausflug nach el-ᶜŌlā, einer Oase im Süden, unterbrach den Aufenthalt in der Festung. Mit 2 Soldaten sich in ein Maultier teilend, legte er mühsam den dreistündigen Richtweg zurück. Beim Austritt aus den Bergen „is seen a wide bank of stone heaps mingled with loam; plainly the antique ground of a town of stone houses, that are fallen down in the clay which united them . . . in the midst I saw the famous stone cistern . . . I saw as it were doorways hewn in those cliffs, they seemed to be of some funeral chambers". Noch eine gute halbe Stunde, und sie standen vor dem Tore von el-Ōla, wo er im Hause des Scheichs aufgenommen wurde. Er hat die Oase und ihre Bewohner mit unvergeßlichen Strichen gezeichnet: „They sat with those pithless looks of the Alowna[4], as it were men in continual languor of fevers under that lurid climate . . . The narrow town ways are... much darkened with over-building, less I can suppose because there is not much ground-room, than, in their stagnant air, for a freshness of upper chambers... Their date groves and corn-plots are in the breadth of the Wadi el-Qurā[5], irrigated by the lukewarm brook, and by some other lesser springs which rise in the midst of the oasis, all of a flat and ill-tasting tepid water... The higher grounds of the shelving valley side are digged out deeply, to the irrigating spring level... The outlying palms above the level of the springs, are watered out of well-pits dug to twenty-seven feet in the sand und twenty wide. This ground-water, which is cooler and brackish, is drawn by the walking to and fro of their small humped kine."

Während er in den Straßen umherwanderte, kopierte er Inschriften, die er auf den Bausteinen fand. Schließlich konnte er unter Bedeckung die Stadtruine besuchen und die von dort nach Süden laufende Felswand, wo er Inschriften fand und die Grabhöhlen untersuchte.

Er ahnte nicht, daß er die Stätte des biblischen Dedan wiedergefunden hatte, und daß sich unter den Inschriften, die er für südarabisch hielt, viele in einem alten nordarabischen Dialekte befanden, weil sich die Schriftzüge ähnelten, ebensowenig seine Nachfolger.

Es war ein ungleiches Paar, das im März 1884, von el-Higr kommend, in Ōla einritt, der Schwabe Julius Euting, ein Gelehrter, geübt im Ertragen von Strapazen, aber von kindlicher Naivität, und der französische Elsässer

[4] So heißen die Bewohner von el-Ōlā.
[5] So hieß das Tal zu Beginn des Islam.

Charles Huber, ein kühner Entdecker, der die Schwäche seines Gefährten rücksichtslos ausbeutete; er war schon vorher in Arabien gewesen und hatte auch el-Ōla besucht. Während Huber[6] alsbald nach Higr zurückkehrte, begann Euting, alle Inschriften, deren er habhaft werden konnte, abzuklatschen. Draußen war es noch ebenso unsicher wie in Doughty's Tagen, so daß ihn das halbe Dorf begleitete, als er die Ruinen aufsuchte. Nach einem Abstecher nach el-Higr kehrte er nach el-Ōla zurück und erreichte von dort in fünf Tagen den Hafen el-Wegh am Roten Meer.

Im Februar 1909 gelangten die Dominikaner-Patres Jaussen und Savignac, geschulte Archäologen, mit der Ḥegāz-Bahn nach el-Ōla. Dank dem Entgegenkommen der türkischen Offiziere konnten sie den bisher unerforschten Süden des Tales untersuchen, durften aber das Städtchen und die Ruinen nicht betreten, weil ihnen die Autorisation der Regierung fehlte. Trotzdem machten sie im März zwei geglückte Versuche, die Ruinen zu Fuß von Higr her zu erreichen. Im April 1910 kamen sie, mit der amtlichen Erlaubnis versehen, noch einmal nach Ōla und nahmen in 11 Tagen die Inschriften und Altertümer auf. Im Orte selbst wurden sie von einem Teil der Einwohner, der über den Bahnbau, die Anwesenheit fremder Arbeiter und des türkischen Militärs erbittert war, in ihrer Arbeit behindert. Auch wurde ihnen der Eintritt in die Häuser verwehrt, in denen Euting manche verbaute Inschrift aufgenommen hatte.

Jüngst hat H. St. J. B. Philby, der unermüdliche Erforscher Arabiens, 30 lihjanische Inschriften mitgebracht.

Doughty hat die epigraphischen Ergebnisse seiner Reise in dem von der Académie des inscriptions et belles-lettres herausgegebenen Bande: Documents épigraphiques recueillis dans le nord de l'Arabie, Paris 1884, veröffentlicht. Bd. I, S. 137—163, seines Reisewerkes Travels in Arabia Deserta, Cambridge, 1880, enthält die Skizzen von el-Ōla, aus denen ich oben zitiert habe[7].

Euting's Inschriften aus Ōla sind von D. H. Müller unter dem Titel „Epigraphische Denkmäler aus Arabien" in den Denkschriften der Wiener Akademie der Wissenschaften, Band 36, 2, 1889, publiziert worden, unter Berücksichtigung von Doughty's und Huber's Aufnahmen[8], soweit diese

[6] Ende Juli des Jahres in der Nähe von Mekka ermordet.

[7] *J. Halévy*, Revue des Études juives 1884, hat zuerst versucht, die lihyanischen Inschriften nach den Kopien *Doughty's* zu entziffern.

[8] *Ch. Huber*, Inscriptions recueillies dans l'Arabie Centrale, 1878—1882, Bulletin Soc. Géogr., 7ème série, t. V, 289—303.

vorlagen. — Müller hat bei seiner Arbeit erkannt, daß ein Teil der Inschriften dem südarabischen Volke der Minäer oder vielmehr minäischen Kolonisten angehörte, ein anderer den nordarabischen Liḥyān. Er zweifelte anfangs, hat aber später zugegeben, daß jene Kolonie in einer Inschrift Dedan genannt wird. — Euting's Tagbuch einer Reise in Innerarabien, Teil 2, ed. E. Littmann, Leiden 1914, handelt 217—251, 263 f. von el-Ŏla (verkürzt schon bei Müller).

Ch. Huber, Journal d'un voyage en Arabie, Paris 1891, eine Bearbeitung des Tagebuches seiner zweiten Reise, enthält einige Kopien, die in der eben genannten Veröffentlichung fehlen, vor allem Graffiti vom Wege el-Ŏla—el-Higr, p. 407—409, 439—443 (die aus Ŏ. selbst stehen nicht bei der Notiz über diese Oase, p. 405 f., sondern p. 393—398).

Jaussen et Savignac, Mission archéologique en Arabie, I—III, Paris 1909 bis 1922, bringen in Band I, 262—270, pl. XXX, lihyanische Graffiti aus el-Higr. Band II ist größtenteils el-Ŏla, seinen Altertümern und Inschriften vorbehalten, ebenso der dazugehörige Atlas mit Bildern und den Reproduktionen der Abklatsche und Kopien.

Philby's Inschriften sind leider noch nicht veröffentlicht.

El-Öla und seine Altertümer

Das Tal von el-Ŏla ist zu beiden Seiten von steilen Felswänden aus rotem Sandstein umgeben, die sich, 100—200 m hoch, zu seltsamen Gebilden auftürmen. Im Westen steigen hinter ihnen die schwarzen Tafelberge der vulkanischen Ḥarrah auf. Das erste Massiv im Osten ist deutlich abgesetzt, durch eine Senke im Norden, Wadi el-Muᶜtedel, und durch die weite Mündung eines schmalen aus dem Gebirge kommenden Wadi's im Süden. Die westliche Wand dieses Massivs, wo sich die Grabhöhlen befinden, heißt el-Ḫereibeh, die südliche Talᶜat el-Ḥammādī. Durch das Wadi el-Muᶜtedel führt eine Route nach Osten; auch ein Umweg nach Higr benutzt diese Senke auf einer kurzen Strecke, während der Richtweg und jetzt die Eisenbahn durch das von Higr kommende Regenstromtal (das freilich kaum je Wasser führt) direkt nach Norden laufen.

Etwa in der Mitte des Tales liegt die ummauerte Oase, an ihrer westlichen Seite der gleichfalls ummauerte Ort el-Ŏla. Im Norden der Oase stehen die „outlying palms" Doughty's. Im Süden und Westen des Bahnhofes ist seit den 90er Jahren eine neue Oase entstanden; die Palmen begannen 1909 die ersten Früchte zu tragen.

Gegenüber km 78 öffnet sich ein Tal nach Westen, durch das der Weg nach dem Hafen el-Wegh führt. Weiter im Süden zieht eine nach Norden vorspringende Felsnase den Blick auf sich.

Nördlich des Bahnhofes liegt viel Sand mit spärlicher Vegetation. Nur im Norden und Westen der Stadtruine finden sich Reste ehemaligen Baumwuchses, Tamarisken und Ṭalḥ-Akazien.

Das Ruinenfeld, an dem der Name el-Hereibeh eigentlich hängt, mißt heute nur 200 × 300 m im Umfang. Aber es ist durch den Bahnbau verkleinert worden; die 200 bis 300 m weiter westlich liegenden, mit Sand überdeckten Trümmer gehören sicher dazu. Bedenkt man, daß die Häuser und Mauern von el-Ŏla, und nicht nur diese[9], aus Spolien dieser Ruinen erbaut worden sind, so wird man Doughty's Schätzung, daß hier einst eine Stadt von 4000 Einwohnern gelegen habe[10], keineswegs übertrieben finden. Die Häuser — kleiner als die in el-Ŏla — waren aus meist ungeglätteten Sandsteinblöcken errichtet, die in Lehm gebettet waren. Durch den Bahnbau ist eine größere Anlage im Zentrum des Ruinenfeldes aufgedeckt worden, in der Jaussen et Savignac einen Tempel erkannt haben. Die Reste der Bauten im Norden und Süden — die Ost- und Westseiten waren nicht freigelegt — begrenzen einen Hof, in dessen Mitte das aus einem natürlichen Sandsteinfelsen gearbeitete riesenhafte Becken steht, in das 3 Stufen hinunterführen. Durchmesser: 3,70 m; Tiefe: 2,15 m; Rand: 0,28 m. 18 m nördlich fanden sich Mauerreste, rechts davor ein Sockel (d) mit Schrift, 12 m dahinter die einer zweiten Mauer, vor der rechts 2 Sockel (b, c) mit Inschriften standen, 15 m weiter links ein weiterer (a) mit Spuren einer Inschrift, davor die Trümmer der dazu gehörigen Statue. 4 m hinter der zweiten zeigte sich eine dritte Mauer. — 30 m südlich des Beckens, also von diesem ebenso weit entfernt wie die Reste der Statuenreihe im Norden, lagen im tiefen Schutt 2 überlebensgroße Bildwerke. — Spuren einer zweiten alten Siedlung haben Jaussen und Savignac in der neuen Oase im Süden gefunden, die einer dritten, im Gegensatz zu jener aus Lehmhäusern bestehend, einige hundert Meter nordwestlich davon. Es ist natürlich nicht ausgeschlossen, daß auch el-Ŏla selbst eine alte Siedlung fortsetzt.

[9] z. B. eine kleine, nicht weit abliegende Festung. Sie dürfte aus der Mamluken-Zeit herrühren und ist unter Süleyman dem Prächtigen wieder hergestellt, vgl. Cihannüma, 522, mit *Babinger,* Die osmanischen Statthalter von Damaskus, in Aus fünf Jahrtausenden morgenländischer Kultur, Festschrift, Max Freiherrn von Oppenheim zum 70. Geburtstage gewidmet, Berlin 1933, 4.

[10] there remain more stones than might build again their village (el-Ŏla).

In der Mitte von Tal^cat el-Hammadi stehen am Fuße eines Gipfels, auf einer schmalen Terrasse dicht am Abhang, die Ruinen einer kleinen Burg, im Norden der Felswand el-Hereibeh die einer zweiten. Beide sind heute unzugänglich.

Das schmale Plateau, das die Felswand el-Hereibeh begleitet, und die davor liegende letzte Bodenschwelle enthalten eine große Anzahl von Gräbern, die senkrecht in den Felsen getrieben sind — im folgenden als Grüfte bezeichnet. Maße im Durchschnitt: über 1,90 m lang, über 50 cm breit und ebenso tief. Oben läuft eine Nute um die Ränder, um die Platte(n)[11] zum Verschluß des Grabes aufzunehmen. Mehrere Grüfte sind zweistöckig. In diesen war das Doppelgrab durch eine Platte getrennt, die auf den etwas vorspringenden Wänden des unteren lag[12]. Einige sind in oben flache Felsblöcke geteuft, die vom Abhang heruntergerollt sind. — In der Felswand selbst befindet sich eine beträchtliche Zahl (an 200 nach Euting's Schätzung) von Grabhöhlen mit rechteckigem Eingang — im folgenden Stollengräber genannt. Sie beginnen oberhalb der Stadtruine und reichen bis etwa km 974, liegen aber im Süden dichter zusammen: Nekropole B und A, letztere 21 Gräber zählend. Der Eingang befindet sich selten zu ebener Erde, sondern meist in Höhe von 1,50 bis 3 m. An einigen Stellen ist der Eingang für ein künftiges Grab markiert. In ihrer einfachsten Form bestehen diese Gräber aus einem oft schiefen Stollen, der manchmal breiter, selten schmäler ist als der Eingang. Zuweilen findet sich in der linken Wand, dicht über dem Boden, eine kleine Nische, einmal mit einem eingelassenen Napf darin, nach Jaussen und Savignac's einleuchtender Deutung, für Spenden, die der Tote gleichsam mit der Hand ergreifen konnte, bestimmt. Über dem Eingang von 2 Gräbern sind kleine Näpfe in den vorspringenden Fels gearbeitet.

Zwei Stollen der Nekropole A werden von je einem Paar fratzenhafter Löwen, in Nischen rechts und links über dem Eingang, bewacht. — Bei anderen Stollengräbern führt der Eingang zunächst in einen Vorraum, an dem eine oder mehrere Grabkammern liegen. In einigen Gräbern dieser Art ist auch der Vorraum zur Bestattung benutzt worden; ein von Jaussen und Savignac untersuchtes — 5 m tief, 5,75 m breit — enthält 6 früher überdeckte Gräben und 2 kleine rechts und links vor dem Eingang, außerdem 2 Grabkammern.

[11] Diese fehlen stets, sind also verbaut worden.
[12] Über kompliziertere Anlagen s. JS II, 64 f.

Euting hat in den Stollen einige Knochenreste, Fetzen von Leichentüchern und Holzsplitter von Särgen, auch Reste von Stein- und Tongefäßen gefunden.

Die meisten Inschriften auf Tafeln sind in den Häusern von el-Ŏla verbaut, einige in den Gärten der Oase gefunden worden, fünf bei der Stadtruine, drei in der zweiten alten Siedlung im Süden.

Die Felswand el-Hereibeh und die anschließende Tal^cat el-Hammadi enthalten Hunderte von Inschriften, meist kurze in den Fels geritzte Graffiti. Einige davon gehören zu den Gräbern, andere häufen sich an bestimmten Stellen. Längere Inschriften finden sich an Punkt C, den ich von nun an als „Schwarzes Brett" bezeichne.

In der Wadi-Mündung, welche das nördliche Felsmassiv vom südlichen trennt, stehen viele Graffiti auf herabgerollten Felsblöcken. Längs des südlichen sind nur wenige bei km 975, 978 und 979 gefunden worden.

Im Westen beginnen die Graffiti erst unterhalb des Weges nach el-Wegh, gegenüber km 978. Sie häufen sich an der oben genannten Felsnase.

Hier im Südwesten finden sich, zuweilen inmitten der Graffiti, Gruppen von Felszeichnungen, Steinböcke, Antilopen, Kamele mit Sänften, Menschen mit Bogen und Schild darstellend, aber auch Risse von Häusern und Gärten und mancherlei noch nicht gedeutete Dinge. Dazwischen stehen Besitzmarken, arabisch: wasm, wusūm. Im Südosten sind die Zeichnungen seltener: zwei menschliche Figuren über- oder hintereinander stehend, eine Doppelreihe von Kamelen mit einem berittenen Treiber.

An der Felswand von el-Hereibeh fehlen sie bis auf zwei, auf die ich noch zurückkomme.

Am Abhang östlich der Stadtruine hat Euting grün-schwarze Schlacken (einer alten Eisenschmelze?) gefunden. — In der Felswand Tal^cat el-Hammadi befindet sich ein großer antiker Steinbruch, ein kleiner an der Felswand el-Hereibeh.

Das heutige Bewässerungssystem der alten und der neuen Oase beruht zum großen Teil auf einem älteren. „Alle jetzigen Quellen (in der südlichen Oase) sind die Ausgänge alter Kanäle", JS, II, 32. Die Kanäle waren in ihrem Oberlauf unterirdisch geführt und mit Löchern zum Einsteigen versehen. Dieses System ist auch sonst in Arabien, vor allem aber in Persien verbreitet. Es dürfte überhaupt aus Persien stammen und erst nach den Eroberungskriegen des Islam in Arabien eingeführt sein, das damals eine nie wieder erreichte Blüte der Landwirtschaft erlebt hat. Jedenfalls läßt nichts in der Inschrift Nr. 69 auf das Bestehen von unterirdischen Kanälen schließen.

Hereibeh birgt die Ruinen von Dedan. So nennen wir nun auch das Tal von Ōla. — Die beiden Lebensadern von Dedan waren der natürliche Wasserreichtum, der in kaum einer Oase Westarabiens seinesgleichen hat, und die uralte Weihrauchstraße, die durch das Tal führt. Auf dieser Straße, die Südarabien mit den Ländern des Mittelmeeres verband, nahmen nicht nur Weihrauch und Myrrhen, für die Südarabien nahezu das Monopol hatte, sondern auch indische und afrikanische Waren ihren Weg nach Norden.

In diesem Zusammenhang wird die Lage der alten Stadt und der zweiten Niederlassung im Süden verständlich. Jene sperrte die beiden Wege nach el-Higr und die Route nach Osten, diese den Weg nach Süden und damit zugleich den nach dem Hafen an der Mündung des Wadi el-Ḥamd, den die Griechen Leukekome nannten, sowie die Route nach el-Wegh.

Die Altertümer von Dedan gehören drei Völkern an, den minäischen Kolonisten, den Lihyan und den Dedanitern, Vorgängern der Lihyan, wie sich im nächsten Kapitel ergeben wird. — Die Zwecke, welche die Minäer mit der Gründung dieser Kolonie verfolgten, sind deutlich: Dedan war eine eigene Relaisstation. Sie zwang die Sabäer, Konkurrenten der Minäer, ihre Handelsroute weiter nach Osten zu verlegen, die später gegründete Kolonie in el-Higr, diesen Umweg weiter nach Norden auszudehnen. — Der Sitz der Kolonie war die Stadt Dedan; denn nur hier können die Bauten gestanden haben, die in den minäischen Inschriften geschildert werden. Auch ist ein Wasserspeier in Gestalt eines monumentalen Löwenkopfes, der in den Ruinen gefunden worden ist, minäische Arbeit. Die zweite Niederlassung war ebenfalls in minäischer Hand, wie zwei von den drei oben genannten Inschriften beweisen.

Ob die Stadt von den Minäern erbaut worden ist, oder ob dort schon das biblische Dedan[13] gelegen hat, ist fraglich. Dieses ist vielleicht in der dritten alten Niederlassung zu suchen. Sie ist jedenfalls der älteste Ort in der Oase; denn neben grober Keramik liegen dort die Reste winziger Vasen aus Elfenbein und Knochen von feinster Arbeit zutage, die einer sehr frühen Periode angehören.

Später war Dedan die Hauptstadt der Lihyan, sind doch die Inschriften auf den Sockeln im Tempel und die fünf oben erwähnten lihyanisch.

[13] In dessen Zeit reicht nur ein aram Graffito, etwa aus der 2. Hälfte des 5. Jahrhunderts zurück, JS nab. 390 an der Felswand Hereibeh.

Unter den Inschriften und Graffiti der Felswand el-Hereibeh bis einschließlich der Nekropole B dominieren die lihyanischen. Nördlich der Nekropole A beginnen minäische Graffiti, die sich jenseits des Steinbruches von Talᶜat el-Hammadi, mit lihyanischen untermischt, fortsetzen. Graffiti beider Sprachen finden sich vereinzelt auch am Fuße des zweiten Massivs und an der westlichen Felswand. Die dedanischen häufen sich an der mehrfach erwähnten Felsnase. — Bei km 978 stehen nabatäische und hebräische, überall verstreut die sogenannten thamudischen Graffiti.

Die Entwicklung der Schrift

Gegen 160 v. Chr. hat sich in Nordarabien eine kulturelle Wandlung vollzogen. Sie scheint durch den Niedergang des Minäerreiches und seiner Kolonien veranlaßt worden zu sein. Waren die Inschriften bis dahin wie in Südarabien an den Bereich des Kultus gebunden, so bedecken sich nun die Felswände Nordarabiens auch außerhalb der Heiligtümer mit Schriftzeichen. — Diese Schriftzeichen lehnen sich zwar an die südarabischen an, aber die Sprache, die sie vermitteln, ist nordarabisch. Wir nennen sie, um sie vom Altarabischen zu unterscheiden: Frühnordarabisch. Die neue Schrift liegt in 2 Varianten vor: dedanisch und „thamudisch[14]". Beide Varianten stammen aus der uralten Oase Taimā. Hier ist, wie ich in meinem Vortrage von 1950 gezeigt habe, die aramäische Schriftsprache, etwa seit dem Ausgange des 5. Jahrhunderts mit leicht abgewandelten südarabischen Buchstaben geschrieben worden[15].

In der ersten Hälfte des zweiten Jahrhunderts muß man in Taima mit dem veralteten Aramäisch gebrochen haben[16] und zu dem einheimischen

[14] Dieser Name ist stets mit Anführungsstrichen versehen, weil es zweifelhaft ist, ob die sogenannten thamudischen Graffiti überhaupt etwas mit dem zu Anfang erwähnten Volke zu tun haben. Die Klassifizierung 1, 2 usw. nach *v. d. Branden.* Doch habe ich das von ihm unbezifferte erste Stadium mit 1 bezeichnet. *V. d. Branden* hat die enge Zusammengehörigkeit der beiden Varianten als erster erkannt.

[15] Von den 4 Zeugen stehen 3 auf Schmuckstücken, abgebildet M, Tafel V, und *Cohen*, T. XV. Der älteste auf einer Gemme von etwa 450 könnte mit dieser allenfalls gleichzeitig sein (aram s lautgerecht mit ś wiedergegeben). Der zweite stammt aus der Seleukidenzeit, wie die Wiedergabe des s durch š zeigt. Ebenso der dritte, zu lesen: „[Eigentum] des Brīk bin Zrīzā", nicht wie von Boneschi. Sie sind nachträglich eingraviert worden, da die Schmuckstücke selbst auf etwa 700 geschätzt werden. Der vierte Zeuge ist ein Graffito, *Huber* 327, auf einem Fels 2 Stunden nordwestlich Taima. Es weist auf Taima als die Heimat dieser Schrift.

[16] Den Anlaß kennen wir nicht, weil die Geschichte Taima's in dieser Zeit völlig dunkel ist.

Frühnordarabisch übergegangen sein. Denn die Hirten, von denen „Tham" 1 stammt, sind natürlich nicht von selbst darauf gekommen, ihren Dialekt zu schreiben. Andererseits kann der Übergang nicht lange vor 160 stattgefunden haben, weil sich das von „Tham" 1 und vom Ded nicht übernommene z der alten Taima-Schrift in 2 Graffiti „tham" 2, v. d. Branden, 180 oben, erhalten hat.

Die dedanische Schrift

Die dedanische Schrift[17] unterscheidet sich von der südarabischen in folgenden Buchstaben: t̲, g[18], ḥ, ẖ, d̲, z, ṣ, ṭ[19], f, h[20]. Von diesen Buchstaben teilt sie die Hälfte mit „Tham" 1. Verschieden sind nur: t̲, d̲, z, h[21]. Ẓ fehlt zufällig in beiden Schriften. Die neuen dedanischen (und „thamudischen") Buchstaben sind außer dem h durch leichte Veränderungen, Auf-den-Kopf-Stellen usw. der südarabischen entstanden. S. die Schrifttabelle S. 33 f.!

6 ded Graffiti sind rechtsläufig, 2 sind von unten nach oben zu lesen, eine Inschrift wechselt zwischen links- und rechtsläufig (bustrophedon). In manchen Graffiti erscheinen d, š, l, m, h spiegelbildlich, und zwar mehrfach am Wortschluß; š liegt öfter auf dem Bauch, m auf dem Rücken.

Dedanische Inschriften und Graffiti aus Dedan:

JS 86, 92, 94, 100, 102, 104[22], 105, 106 (No 7), 108, 109, 110[22], 111, 112, 120, 121, 122 (No 8), 126[23], 128 (No 5), 130[24] (No 2), 131, 136, 137 (Abklatsch), 138 (Abklatsch, No 1), 147 (No 6), 149, 150[25], 156, 157, 160, 171, 172, 173, 174, 186 = M 71 (No 3), 187 (No 4), 189, 204.

Von diesen 37 können 3, nämlich 138, 186, 187 als Inschriften bezeichnet werden. — Alle diese Schriftdenkmäler sind bis auf das letzte auf den Süden des Tales (bis Talᶜat el Hammadi) beschränkt.

[17] Der Unterschied zwischen ded und lih Schrift und der zwischen den beiden Kulturen ist von *Grimme* 1930 entdeckt worden. Zusammenfassend hat er sich darüber in der hier unter *Grimme* zitierten Studie geäußert. Gleichzeitig hat *Winnett,* 10 f., die Eigenart der ded Schrift, wenn auch zu grob, systematisch zu begründen gesucht.

[18] Zuerst von *Grimme* erkannt, deutlicher von *Winnett,* 14 ff.

[19] Von *Winnett,* 11 ff., erkannt, bis dahin als ḍ gelesen.

[20] ḍ und ġ fehlen zufällig in den ded Schriftdenkmälern.

[21] ṣ nur durch einen Strich. ṭ fehlt in „Tham" 1.

[22] 104 bis 110 auf dem Photo, pl. X, deutlich zu erkennen.

[23] Dritter Name nicht aufgenommen, weil der mittlere Buchstabe unsicher.

[24] Fehler: ʾ statt f.

[25] Nicht aufgenommen, weil unvollständig.

vom Wege Dedan—el-Higr:

JS 325, 326, 332, 333.

aus el-Higr:

JS 27.

vom Wege el-Higr—Taima:

JS tam. 506, 525[26].

Die frühlihyanische Schrift

Die frühlih Schrift ist eine bewußte Neuschöpfung, sie lehnt sich an die ded an, greift aber für gewisse Formen auf die nordminäische zurück. Aus der ded übernimmt sie: ', b, t, g, ḥ, ḫ, d, ḏ, r, z, s, š, ṭ, k, l, m, n, h. Jedoch erhalten d, l, m und h gerundete Schäfte, ḥ dagegen statt der Bögen gerade. Der Schaft des ḫ setzt statt des rechten den linken Schenkel fort, der obere Haken ist daher nach links gebogen. r nimmt die eckige Form des ded auf, k hat den Kopfstrich stets links, g verwandelt sich in ein dreieckiges Gebilde, ṭ so sehr, daß sein Ursprung schwer zu erkennen ist. — Statt der Kreise, welche den Körper oder Kopf von ṯ, ṣ, ᶜ, f, q, w, y bilden, treten Rauten ein; sie stammen von den entsprechenden nordmin Buchstaben und sind auf ṯ übertragen worden.

Die frühlih Schrift hat sich rasch weiterentwickelt. Die geradlinigen, parallelen Schäfte von ', b, ḏ, z, s, g, k, neigen sich zunächst in einem schwachen, dann in einem starken Winkel, bis sie (in den Graffiti) schließlich zusammenstoßen, also ein Dreieck bilden, und zwar zuerst bei '[27]. ḏ hält sich länger gerade als die übrigen Buchstaben, b wechselt zwischen der geradlinigen und der schrägen Form. Der Keil des d löst sich von seinem Schaft. — Eine frühe Neigung, die Rauten in die Breite zu ziehen, hat sich nicht durchgesetzt, wohl aber eine Änderung im q, dessen gerader Kopfstrich nun in der Richtung des oberen linken Schenkels der Raute fortgeführt wird. — Die Spitzen des m runden sich, bis schließlich ein unregelmäßiger Körper erscheint, welcher dem g bedenklich ähnelt. Das l aber verlängert seinen Haken so sehr, daß er schließlich den Schaft an Länge übertrifft. l und m können daher als „Leitfossilien“ der Schriftentwicklung dienen.

Im Lihyanischen müssen wir die Graffiti von den Felsinschriften trennen, weil sie sich davon durch besondere Züge unterscheiden. Die Felsinschriften

[26] Bei *v. d. Branden*, 292, 297 zu streichen.
[27] Diese Entwicklung ist zuerst von *Winnett* beobachtet worden.

dagegen stimmen annähernd mit denen auf Tafeln überein. Beide finden sich nur in Dedan.

Inschriften auf Tafeln

JS 35, 36, 37, 38 = M 12, 39 = M 13, 40 = M 14, 42, 44 = M 22, 46, 48, 49, 53, 57, 58 = M 6, 62, 82, 83, 84, 85; M 8, 11[28], 15[29], 17, 20, 28, 70[30].

Felsinschriften:

JS 64, 78, 80 = M 34 links, 81 = M 35.

Die Inschriften beider Arten lassen sich nach den Zügen etwa folgendermaßen reihen: JS 49, M 20, JS 35, 64, 58, M 17, JS 57, 78, 81, 37, 62, 84, 48, 53, 42, 46, 36, M 8 (anno 1), JS 44, 39, 85 (anno 9), 83 (anno 29), 40, 82 (anno 35), M 28 (anno 60). JS 38 und 80 lassen sich nicht genau einordnen[31]. Diesen 27 entsprechen hier No 9—35.

Ehe wir uns den frühlih Graffiti zuwenden, müssen wir uns mit den dedanisch-lihyanischen beschäftigen. Diese Gruppe setzt die ded Schrift fort, mischt aber frühlih Buchstaben unter sie, seien es solche mit Rauten oder schrägen Schäften, seien es h oder ṭ. 2 Graffiti (JS 127, 148) zeigen ein etwas abweichendes f, das auch frühlih (JS 203) vorkommt, aber beileibe nicht als ẓ (so v. d. Branden) gedeutet werden darf.

Dedanisch-lihyanische Graffiti
aus Dedan:

JS 90, 103, 113, 124 (No 36), 125, 132, 139 (No 37), 141, 144, 145, 148, 153, 154[32], 161, 162, 163, 166 (No 42), 170[33], 179[34], 180[35], 182, 183, 184, 185, 193, 219, 244 = EM 53, JS tam. 194 (No 38).

[28] Nicht wiedergegeben, gehört in die Zeit der datierten Inschriften.
[29] Nicht wiedergegeben, da nur einige Buchstaben enthaltend. Über Gitterwerk, das rechts eine menschliche Figur darstellt. Früh.
[30] Nicht wiedergegeben. Gehört etwa zwischen JS 48 und 53 = No 21 und 22.
[31] Die erste gehört in die Zeit der datierten Inschriften, die zweite ist früh.
[32] ist eine Verbesserung von 153, wo z (bzw. „tham" ḏ) statt ḏ geschrieben und der dritte mit dem vierten Buchstaben vertauscht ist. 153 daher nicht aufgenommen.
[33] Fehler: ḏ statt z.
[34] Durch 182, das vom gleichen Urheber stammt, als ded-lih ausgewiesen.
[35] Dritter Name unvollständig, nicht aufgenommen.

Abb. 1: Ältere lihyanische Inschrift

Abb. 2: Jüngste lihyanische Inschrift

Bis auf das vor- und drittletzte verteilen sich diese 28 Graffiti wie die ded auf den Süden des Tales.

vom Wege Dedan—el-Higr:

JS 329, 331, 334, 335, 336[36], 348, 356.

aus el-Higr:

JS 7 (No 39), 16, 17 (No 40).

Vom Wege el-Higr—Taima:

JS tam. 251 a, b (No 51), c[37], 402, 403[38].

Die Schrift der frühlihyanischen Graffiti folgt meist getreu den Formen der Inschriften. Nur deren ṭ erschien den meisten Schreibern so schwierig, daß sie bei der ded Form blieben und sie nur durch schräge Stellung, dann durch Angleichung an l der neuen Schrift anpaßten. Später folgten sie dem inschriftlichen ṭ, indem sie den vierten Zahn fortließen oder auch noch den dritten. — Außerdem treten für ṯ[39] und ṣ (stets) Kursive ein; das kursive ṯ ist, ähnlich wie das zweite ṯ von „Tham“ 1 und vielleicht nach dessen Vorbild, aus t entstanden. — Wie im Ded und Ded-lih (JS 180) wird f gelegentlich durch einen Punkt von ᶜ unterschieden. Einmal begegnet uns ein ded k, öfter spiegelbildliches š. Das kommt daher, daß sich die Schreiber von benachbarten, älteren Inschriften beeinflussen ließen[40]. So sind auch manche runde ᶜ und y zu beurteilen, die in frühlih Graffiti stehen, anders die in den ältesten; ihnen kleben noch die ded Eierschalen an. Freilich kann man sich in dieser Beziehung auf die Kopien nicht unbedingt verlassen[41] (das soll kein Vorwurf sein, aber Auge und Hand können irren), so daß das eine oder andere Graffito falsch eingeordnet sein mag.

An Abkürzungen kommen vor: ʾ (JS 256.1, 317 (No 46).1) für den sehr häufigen Namen Aus, r (JS 338, 318, spätlih), an der letzteren Stelle wohl für Rašam/Rāšim, q (JS 311).

[36] Letzter Name unsicher, nicht aufgenommen.

[37] Buchstabe 11 ist zu streichen, letzter Name ganz unsicher, nicht aufgenommen (ʿAṭā-Lur?).

[38] 401, das *v. d. Branden* ebenfalls dem Lih zuweist, ist nicht aufgenommen, weil sich unter den 4 Buchstaben nur ein lihyanischer befindet.

[39] ohne Schaft JS 317 (No 46), wie ded-lih JS 7 (No 39), spätlih JS 192.

[40] So auch bei den spätlih Graffiti: ded k, JS 188 (No 93), frühe m, JS 342, 375, ded ṭ JS 117.

[41] wie sich aus einem Vergleich der Abklatsche JS 137 (š statt ḫ), 230 (kein kursives ḏ), 279/No 49 (ṭ statt h), 281 (q mit Raute, nicht Kreis), 284 (ḏ statt n) mit den entsprechenden Kopien ergibt. JS lesen im allgemeinen weit besser als Euting, aber hin und wieder ist es auch umgekehrt.

Frühlihyanische Graffiti
aus Dedan:

JS 96, 97[42], 98, 119, 133 (No 53), 140, 190[43], 195, 203, 216 = EM 297/298, 217 = EM 899, 223, 224[44] (Abklatsch) = EM 864, 228[45], 229 = M 61, 229 bis[46], 234 (Abklatsch) = M 32 (Abklatsch), 235 (Abklatsch) = M 30 (Abklatsch), 238[47], 239, 248.2, 249 b (Abklatsch), 250.1 a, 250.1 b.2 = M 47 / EM 813.2 b, 251[48] = EM 813.3 b.4, 252[49] (Abklatsch), 253, 254 (Abklatsch), 255 (No 48), 256 (Abklatsch) = EM 811, 257 (No 47) = M 38, 259 (Abklatsch, No 50) = EM 802, 263[50], 264, 265, 267 (Abklatsch), 269.4—5, 271 (Abklatsch) = EM 803, 274, 275 (Abklatsch), 278 (Abklatsch, No 52), 279 (Abklatsch, No 49), 282 (Abklatsch, No 51), 283[51], 289[52], 290[53], 291.2 (Abklatsch), 292 (Abklatsch), 303, 308, 309 (Abklatsch), 310 (Abklatsch), 311, 312 (Abklatsch, No 45), 314, 316, 317 (No 46), 319, 322; JS min. 195 bis[46] = M 66; M 57. 1—2, 57. 3—4[54], 64 (diese 3 No fehlen bei JS, weil an der Stelle neuerdings Steine gebrochen worden sind).

Von diesen 63 Graffiti stehen nur die ersten 7 im Süden des Tales.

vom Wege Dedan—el-Higr:

JS 328, 330, 338, 339, 344, 345 (No 56), 347[55] (No 57), 349 (No 55), 350, 352, 365.1.2a, 366 (No 54), 368, 373.

Von diesen 13 (12) Graffiti stehen 3, nämlich 347, 349, 350 bei Qebūr el-Gindī nördlich km 964.

aus el-Higr:

JS 8 (No 60), 9 (No 59), 10, 11[56], 12 (No 58); M 69.1.2, 73, 75.1.

[42] Der zweite Buchstabe des zweiten Wortes ist f mit Punkt, also hā-sāfir oder hasfar.
[43] Dreieckiges f. Der vorletzte Buchstabe wohl y.
[44] Z. 4 nicht aufgenommen, weil unleserlich.
[45] 2. Name nicht aufgenommen: Z ṭ l r.
[46] Steht nur unter den Photos der Abklatsche.
[47] Z. 2 dreieckiges f, Z. 3 unleserlich.
[48] JS: dazu Wā'ilah [spätlih], darunter Umm. Das letztere stimmt nicht, s. EM 318. 3a.
[49] Z. 1: der vorletzte Buchstabe ist ein ḫ, das in ein f korrigiert ist.
[50] Nicht aufgenommen, weil unleserlich.
[51] Z. 1: bis auf das letzte Wort unsicher, nicht aufgenommen, ebenso Z. 3.
[52] Der Name nicht aufgenommen, weil unleserlich.
[53] Der zehnte Buchstabe ist gestrichen.
[54] 4 Personen mit je 2 Namen. Erster Name nicht aufgenommen, weil ein Buchstabe fehlt. Vor dem ersten Namen des 4. Mannes ist ein h wieder herzustellen.
[55] Z. 2: falls das vorletzte m richtig wiedergegeben, ist das Graffito früh-spätlih.
[56] Nicht aufgenommen, bis auf den letzten Namen, Z. 2, weil die Kopie mißglückt ist.

vom Wege el-Higr—Taima:

JS 379, 380[57], 382, 383, JS tam. 427 (No 61), 539[58].

Die spätlihyanische Schrift

Im Gegensatz zur frühlih Schrift hat sich die spätlihyanische allmählich entwickelt. Der erste Schritt war der Übergang vom geschlossenen zum (unten) offenen m[59]. Er wurde erfordert, weil m und g im späteren Stadium des Frühlih kaum zu unterscheiden waren. Der Haken des l wird verkürzt, die Rauten des ṣ, ᶜ, q werden durch Kreise ersetzt, die des ṯ[60], wie schon einmal im Frühlih, in die Breite gezogen. Nur das d behält zunächst seinen Keil. Man kehrt also bis zu einem gewissen Grade zu den Formen der ded Schrift zurück, vielleicht bewußt. — Wir trennen die Inschriften, in denen sich dieser Übergang vollzieht, unter dem Namen früh-spätlihyanische von den folgenden.

Die spätlih Schrift unterscheidet sich in ihrer weiteren Entwicklung zwiefach von der frühlih. Während diese in den Formen des ʾ, ḏ, z, s, g, k, des l und m in einer ganz bestimmten Richtung fortschreitet, bewegt sich die spätlih bei diesen bald vorwärts, bald rückwärts; nur von einer Inschrift zur anderen zeigt sich hier Kontinuität. Außerdem entlehnt sie, auch hier wieder unregelmäßig, einige kursive Buchstaben den Graffiti. Während die ersten Inschriften das früh-spätlih ṯ übernehmen, hat sich dann das kursive ṯ der frühlih Graffiti durchgesetzt. ṣ wechselt, wie schon in den Übergangsinschriften, zwischen der regelrechten Form und der kursiven. Gewisse Inschriften, meist, aber nicht nur, Felsinschriften, gehen in der Übernahme von Kursiven noch weiter, z. B. die älteste (No 70)[61]. Nimmt man dazu die sonderbaren Formen, welche ṣ und besonders ḍ[62] in No 84 und 85 annehmen, sowie das kursive q[63], das nicht aus den Graffiti stammt, so darf man sagen, daß die spätlih Schrift freier und individueller verfährt als die frühlih.

[57] Z. 1: zweiter Name unsicher, nicht aufgenommen.
[58] Z. 1: Fehler: (zweites) z statt ḏ.
[59] Bereits *Winnett*, 9 f, hat darin das Merkmal einer jüngeren Schrift vermutet.
[60] Nur durch das gleichzeitige Graffito No 67 belegt.
[61] Das setzt voraus, daß die spätlih Graffiti früher beginnen als die Inschriften.
[62] Bisher als w gelesen.
[63] Bisher überhaupt nicht erkannt.

Früh-spätlihyanische Inschriften
aus Dedan:

JS 56 = M 2, 61; M 10, 16, 29.

Sie sind wohl folgendermaßen anzuordnen: JS 61, M 29, JS 56, M 16, M 10 = No 62—66.

Wie den Inschriften, so geht auch den spätlih Graffiti eine Gruppe mit Übergangsformen voraus. Sie ist an den gleichen Merkmalen kenntlich wie jene: offenes m, das sehr häufig zusammen mit geschlossenem in demselben Graffito vorkommt, bei sonst frühlih Schrift, frühlih gegenüber spätlih Formen.

Früh-spätlihyanische Graffiti
aus Dedan:

JS 88, 177 (No 69), 214, 243 = M 54[64], 245[65] (Z. 1) = EM 812.2, 260[66] (Abklatsch) = M 40/39. 1 = 41, 262[67] (Abklatsch) = M 39. 2, 266[68], 281 (Abklatsch), 288, 296[68], 304, 306[69] (No 68), 313 (No 67), 321.

vom Wege Dedan—el-Higr:

JS 358[70].

Spätlihyanische Inschriften
Inschriften auf Tafeln
aus Dedan:

JS 41, 43[71] = M 5, 45 = M 9 (anno 2 des Tulmay b. hā-Nu'ās), 47, 50 = M 18, 51, 52 = M 21, 54 = M 4, 55 = M 1, 59, 60[71] = M 7, 63 (anno 29), 323[71]; M 11[71].

aus el-Higr:

JS 384 (No 92).

[64] Nicht aufgenommen, weil das Ende des theophoren Namens in beiden Kopien unleserlich.

[65] Z. 1 erstes Wort nicht aufgenommen, weil unvollständig.

[66] Z. 2 erster Name nicht aufgenommen, weil der Anfangsbuchstabe auf dem Abklatsch nicht sicher zu erkennen ist. — *M* hat übersehen, daß *Huber* 95,1 = E 800 ist.

[67] Der letzte Buchstabe ist ein m, das t dahinter ein wasm. Das Graffito stammt von einem Minäer, der sich JS min 81 in seiner eigenen Schrift verewigt hat, hier den Berufsnamen durch z andeutend, natürlich ohne den im Min fehlenden Artikel.

[68] 2. Wort dunkel, nicht aufgenommen.

[69] Fehler: hinter ḏ fehlt h.

[70] Z. 1 nicht aufgenommen, weil der letzte Buchstabe fraglich.

[71] Nicht wiedergegeben, da sie, M 11 ausgenommen, nur Namen enthalten. JS 43 und M 11 spät, die beiden anderen früh.

Felsinschriften aus Dedan:

Die Felsinschriften unterscheiden sich von den Inschriften auf Tafeln mehr als im Frühlih. Manche Buchstaben sind mißglückt, weil die Inschriften in großer Höhe oder dicht am Boden stehen. Einige haben den Graffiti weitere kursive Buchstaben entlehnt, z. B. y, andere gehen völlig oder wenigstens in den letzten Zeilen zu der Schrift und den Ligaturen der Graffiti über, ja über diese hinaus.

JS 67, 68 = M 55 (anno 20), 69 = EM 825, 70 = M 52 (anno 29), 71, *72* = M 23 (anno 5), *73* = M 26, *74* = M 24, *75* = M 25 (anno 5 des hā-Nu’ās b.Tulmay), *76* = M 25. 8. 9, *77* = 27 (anno 22), 79 = M 34.

Die unregelmäßige Entwicklung der Schrift erschwert die zeitliche Anordnung der Inschriften außer im Anfang und am Ende. Doch helfen die Jahreszahlen weiter, zumal sich aus der Schrift ergibt, daß die nach Königsjahren datierten Inschriften älter sind als die nach einer Ära datierten. Ferner liegt die Reihenfolge der Felsinschriften auf dem „Schwarzen Brett“ (schräg gedruckt) bis auf JS 76 fest. Danach lassen sich die Inschriften folgendermaßen reihen:

JS 50, 41, 75, 73, 45, 54, 79, 72, 76, 67, 68, 47, 77, 74, 55, 63, 70, 52, 51, 69, 59, 71 = No 70—91. Die No 74 und 75 sind vielleicht umzustellen. Dazu JS 384 = No 92 aus el-Higr (?).

Obgleich die spätlih Graffiti, wie oben gesagt, den Inschriften vorausgehen und sie beeinflussen, sind sie später in manchem von diesen abhängig. Dagegen schließt sich g teils an die Formen der frühlih Graffiti an, teils an m; dieses wird zuweilen auch oben geöffnet. d vereinfacht seinen Kreis häufig zu einem Punkt. Für ḏ und z erscheinen neben den gewohnten neue Formen, ein Dreieck oder halbrunder Körper, auf dem 3, bzw. 2 Spitzen stehen. Das kursive ṣ verliert oben seine Rundung, dafür sind die beiden Schäfte nach außen geschweift. Kursives, von dem oben erwähnten verschiedenes q[72] findet sich JS 210, 315, 327.

y kommt meist in 2 kursiven Formen vor, die aus einer Schrift auf anderem Material stammen dürften. Dagegen dienen die kursiven ’, s, ḏ zur Erleichterung der Ritztechnik. Sie erscheinen schon auf dem frühlih Graffito

[72] Bisher d, m, r gelesen.

JS 216 und sind wohl von dessen Urheber erfunden worden. Hier ist s unten offen (später geschlossen), ḏ geschlossen und abgerundet. Dieses ḏ hat sich infolge der möglichen Verwechslung mit s nicht durchgesetzt. Es kommt nur noch einmal, No 97, vor, und zwar falsch geschrieben, nämlich wie geschlossenes s. Einige Graffiti zeigen Ligaturen, m-n, b-n. — An Abkürzungen findet sich außer dem oben S. 25 erwähnten Falle (ᶜAbd-) s = Samīn vor, JS 359; vgl. früh-spätlih (ᶜAbd-) hs = hā-Samīn, JS 304.

Spätlihyanische Graffiti aus Dedan:

JS 65 (No 97), 66 (No 96), 87, 89, 91 [73], 93, 95 [74], 99, 101 [75], 107 (Photo pl. X), 114, 115, 116, 117, 118, 129 [76], 134, 135 [77], 142, 143 [78], 146, 152, 159 [79], 165, 167, 168, 169, 175, 181 (No 100), 188, (No 93) Z. 1 = M 72, 192, 198, 199, 200 (No 107), 201, 202, 207, 208, 209, 210, 211, 213 (2. Name = EM 896 [80]), 218 = EM, DM 894, 225 (Abklatsch), 227, 230 (Abklatsch, No 95) = M 62, 231 [81] (Abklatsch) = EM 842, 232 (Abklatsch) = EM 843, 233 (Abklatsch, No 94) = M 50/51, 236, 237 (Abklatsch) = M 33, 240 (Abklatsch) = M 31 (Abklatsch), 241 (Abklatsch) = M 48, 242, 246 (Abklatsch, No 99), 247 (Abklatsch, No 105), 258 [82], 261, 268, 269.3 [83], 272 (No 106), 273 (Abklatsch), 276 (Abklatsch, No 101), 277 (No 104), 280 (Abklatsch), 284, 285 [84] (Abklatsch), 286 [85], 287, 291.1 (Abklatsch), 293, 294 [86], 295, 297 (Abklatsch, No 103), 298 (Z. 2) = M 37. 1, 299 (Abklatsch,

[73] JS lesen Taim-Lāh, obwohl die Kopie nicht so aussieht.
[74] Fehler: ʿ statt w.
[75] Fehler: ḥ statt s.
[76] Das zweite Wort nicht aufgenommen, weil unvollständig: hā-Niks?
[77] Eine Art Buchstabenrätsel. Z. 1 ist ein b benutzt, um mit den senkrecht darüber und darunter stehenden t und ʿ den Familiennamen Bataʿ zu bilden.
[78] Fehler: zweiter und dritter Buchstabe verwechselt.
[79] Nicht aufgenommen, weil Kopie und Lesung von JS weit auseinander gehen.
[80] Also Iyās-Il.
[81] Es ist abzuteilen: Y m (Spitze nachträglich gerundet), Trenner, Ḫ l d (dessen Kreis fälschlich als w gezeichnet). Das letzte Wort nicht aufgenommen, weil davon auf dem Abklatsch kaum etwas zu sehen.
[82] Z. 2 nicht aufgenommen, weil unleserlich.
[83] Bin abgekürzt: b
[84] Fehler: ʿ statt w.
[85] Südar, bzw. „Tham" h.
[86] Nicht aufgenommen, weil der Name unvollständig zu sein scheint, JS: Ab-yašaʿ, cf. hebr Abīšūʿ.

Z. 2. 3) = M 37. 2. 3, 300 (No 102), 301, 302 (No 98), 305, 307, 315, 318 = M 36, 320[87]; JS min. 82. 3; EM 822, 828.

Diese 86 Graffiti verteilen sich über das ganze Tal.

vom Wege Dedan—el-Higr:

JS 327, 340, 341, 342, 343[88], 346, 353, 354[89], 355, 357[88], 359, 360, 361 (No 108), 362, 363, 364.3, 365.2 b.3 (No 109), 367, 369 = H 441.4, 370, 371 (No 110) = H 441.1, 372 (No 111) = H 441.3, 374[90] = H 441.2, 375[91], 376[92] = H 440 unten, 377 = H 440.1, 378[93] = 442.3; H 442.1[94], 442.2[95].

Von diesen 29 Graffiti befinden sich die letzten 11 bei km 961, eine starke Stunde südlich el-Higr, 8 (353—362) nördlich km 964.

aus el-Higr:

JS 6[96] (No 112), 14, 15.

Minäisierende Graffiti[97]

Alle minäischen Inschriften und ein Teil der minäischen Graffiti gehören der Zeit der min Kolonie an, der andere Teil der letzteren der lihyanischen Periode. Die Graffiti dieser Zeit sind entweder in jenen plumpen Zügen geschrieben, die in Spalte 2 der Schrifttafel als spätnordminäisch bezeichnet worden sind, oder sie setzen die alte Schrift fort, verraten aber häufig durch Anleihen bei der frühlih oder spätlih, daß sie diesen Perioden angehören. Ein Teil davon ist JS unter die lih Inschriften geraten[98]. Selbstverständlich sind diese hier nicht aufgenommen worden.

Außerdem gibt es Graffiti, die neben lih vereinzelte min Buchstaben aufweisen. Einige rühren von Minäern her, die Lihyanisch schreiben wollten,

87 Z. 1 und 3 dunkel, nicht aufgenommen.
88 Zweiter Name unlesbar; nicht aufgenommen.
89 Unlesbar; nicht aufgenommen.
90 Nicht „tham"; bei *v. d. Branden*, 425, zu streichen.
91 Letzteres Wort unsicher. Hā-ʿAmmār? wofür jedoch han- ~ zu erwarten.
92 Nicht „tham"; bei *v. d. Branden*, 425, zu streichen.
93 Fehler: g statt k.
94 Z. 1 „tham", Z. 2: Ḥarmal?
95 Nicht „tham"; bei *v. d. Branden*, 426, zu streichen.
96 Z. 6, letztes Wort, Fehler: ʿ statt w.
97 Im Kapitel „Inschriften" hinter ded-lih gestellt.
98 Aus el-Higr: 18—26, 28—31. Aus Dedan: 158, 164, 178, 191, 196, 197, 205, 220, 221, 222, 248 a, 249 a, 270 = M 40, 337, 364.1.2. Dazu gehört noch 269.1.2, woraus man die wunderlichsten Namen herausgelesen hat, während dort in Wirklichkeit die bekannte Formel wa-al'ilat Maʿīn steht.

andere sind aus der gegenseitigen Beeinflussung der Inschriften zu erklären. JS 127[99] (No 43), 151 (No 44), 155, 194, 206[100], 212, 215, 226[101] = M 64.

Nicht aufgenommene Graffiti

JS 123, 351, 381, weil sie „tham“ sind.
JS 329 bis, mangels Unterlagen.
JS 32—34 aus el-Higr, mangels Unterlagen.
M 68, 74, weil die Unterlagen (was nicht an Doughty liegt) zu unsicher sind.

[99] Z. 2 Fehler: ḏ statt z.
[100] Letztes Wort dunkel; nicht aufgenommen: Aiyil H?
[101] 215 ist dazu gestellt, weil es den Familiennamen von gleicher Hand gibt wie 226.

Schriftentafel

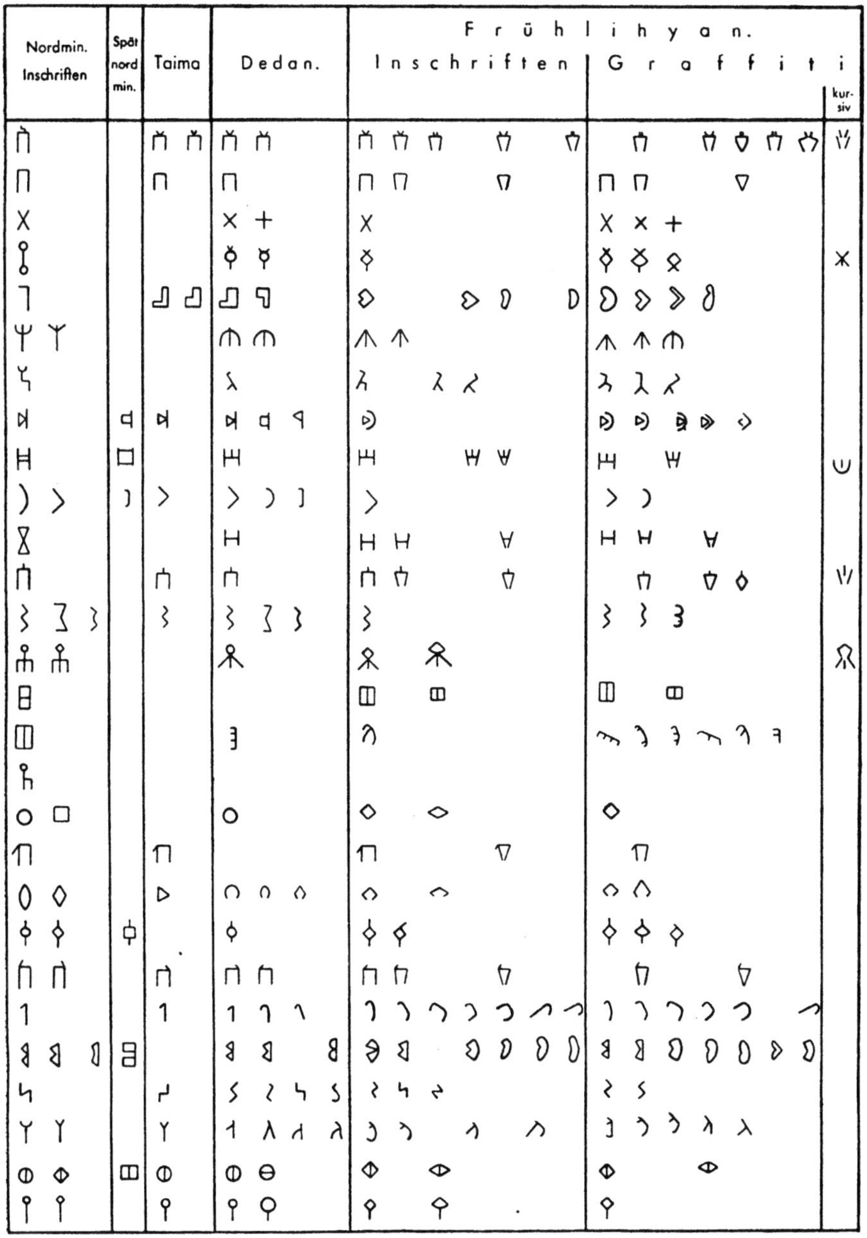

Schriftentafel

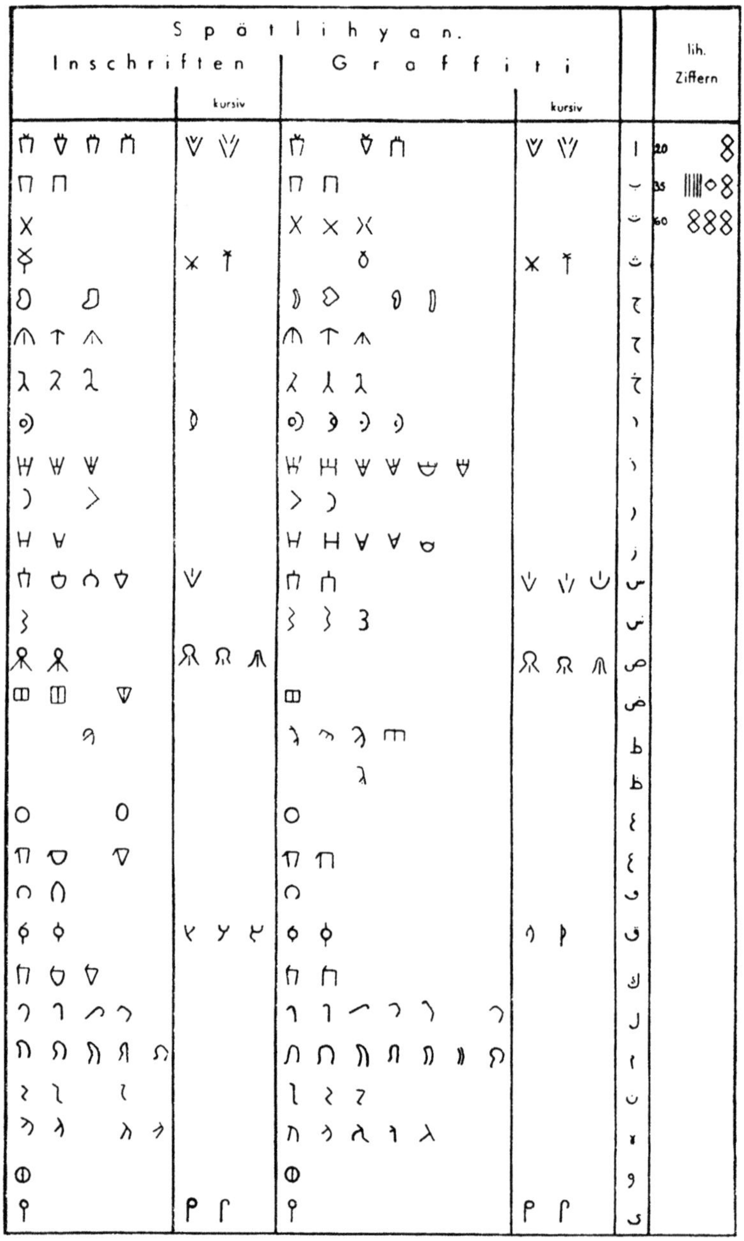

Geschichte und Kultur

Chronologie

Aus der oben dargestellten Entwicklung der Schrift lassen sich gewisse historische Schlüsse ziehen. Die Schrift hat zweimal gewechselt, von der ded zur frühlih und von der frühlih zur spätlih. Dieser Wechsel ist jedoch verschieden zu beurteilen. Die lihyanische ist eine neue Schrift; zwischen den dedanischen Schriftdenkmälern und den frühlihyanischen Inschriften gibt es keinen Übergang. Die Einführung einer neuen Schrift aber deutet im Alten Orient auf einen neuen religiösen und politischen Zustand. Zwischen der dedanischen und der lihyanischen Periode liegt also ein Bruch. — Dagegen gibt es zwischen den früh- und den spätlihyanischen Inschriften Übergänge; zwischen diesen beiden Perioden liegt also nur eine Störung vor.

Bei den Graffiti ergibt sich das gleiche Bild, wenn wir nur das Verhältnis zwischen ded, früh- und spätlih betrachten. Ziehen wir aber die dedanisch-lihyanisch genannten Graffiti heran, so drängt sich ein neuer Schluß auf: sie müssen von Dedanitern herrühren, welche den Untergang ihrer politischen und religiösen Gemeinschaft überlebt haben und sich nun bemühten, die Künste der Sieger, hier ihre Schrift, nachzuahmen[102]. Das hat natürlich eine gewisse Zeit gedauert.

Während alle dedanischen Schriftdenkmäler und die ersten 20 frühlihyanischen Inschriften undatiert sind, rechnen die übrigen 10, soweit unbeschädigt, nach einer Ära mit Daten von 1 bis 60[103]. Von den 5 früh-spätlihyanischen Inschriften ist die einzige ganz erhaltene undatiert. — Unter den ersten 9 spätlihyanischen Inschriften rechnen 2 nach Regierungsjahren der Könige (einmal 5, einmal 2), die nächsten 10 wiederum nach einer Ära mit Jahreszahlen von 5 bis 29. Die letzten 7 sind (No 87 ist das Datum verloren gegangen) undatiert[104].

Zur Bestimmung der beiden Zeitrechnungen verhilft uns ein Denkmal in der Sprache und Schrift der den Lihyan im Norden benachbarten Nabatäer, das in el-Ōla gefunden worden ist: ein Grabstein, datiert vom ersten Regierungsjahr des Königs Aretas (IV)[105], d. h. 9 v. Chr. Nun ist es schlechterdings ausgeschlossen, daß jemand in einem fremden Staate nach seinem

[102] Das trifft nur für Dedan zu, nicht für die Graffiti in el-Higr und bei Taima.
[103] s. S. 24 und Anm. dazu.
[104] s. S. 29 und Anm. zu S. 28.
[105] CIS II, 1, 332.

heimischen König datiert. Die Lihyan müssen also im Jahre 9 v. Chr. unter nabatäischer Herrschaft gestanden haben. Das ist die „Störung" zwischen der früh- und spätlihyanischen Periode, die sich in jenen Übergangsinschriften spiegelt. Damit aber ist die spätlihyanische Ära festgelegt; sie kann nur die von Boṣrā — 106 n. Chr. — sein. Die nach ihr datierten 10 Inschriften reichen also von 110 bis 134 A. D. Die übrigen 7 führen uns bis etwa 150. — Durch jenen nabatäischen Grabstein läßt sich auch die frühlihyanische Ära bestimmen; es ist die syrische Provinzära, die mit der Eroberung dieses Landes durch Pompejus oder vielmehr seine Generäle beginnt: 64 v. Chr.[106]. Die 10 Inschriften, die auf sie entfallen, reichen also von 64 bis 5[107]. Würden wir der Bestimmung der Zeit der ersten 20 frühlih Inschriften jenes Verhältnis, 10 auf 60 Jahre, zugrunde legen, so kämen wir in die erste Hälfte des zweiten Jahrhunderts. Nun sind aber, wie die entsprechenden Zahlen der spätlih Ära zeigen, 10 auf 25 Jahre, von den Inschriften aus der Zeit der frühlih Ära, besonders viele verlorengegangen. Wir müssen daher dieses Verhältnis zugrunde legen und erhalten dann für jene 20 Inschriften 50 Jahre. Die frühlih Inschriften begännen demnach 114. Wir setzen also den Beginn der frühlih Periode ca. 115 v. Chr. an[108], ohne uns die Unsicherheit dieser Rechnung zu verhehlen.

Diese Chronologie wird durch Tatsachen bestätigt, die sich aus dem Inhalt der Inschriften ergeben.

Für die frühlihyanische Periode: die Aneignung der nabatäischen Formel: „Es werde seiner im Guten gedacht!" (No 26, 32). Diese ist nämlich bei den Nabatäern erst im ersten Jahrhundert v. Chr. belegt.

[106] In Gerasa (Dekapolis, Ostjordanland) jedoch Oktober 63, so daß das Jahr 60 der 1. lih Ära auf 4—3 fallen würde.

[107] Es ist nur ein scheinbarer Widerspruch, daß die jüngste frühlih Inschrift von 60/5 schon in die Zeit der nabatäischen Besetzung fällt; denn so schnell reagiert die Schrift nicht.

[108] *W. F. Albright* schrieb mir am 15. 9. 51: „According to our new results, the Minaean colony in Dedan lasted from the middle of the third century B. C. or a little later to about the beginning of the first century, when it passed under Nabataean control. However, the Lihyanite Inscriptions dated by native kings must be dated before the inscriptions contemporary with the Minaeans; there is no getting away from Winnett's conclusions, though he made some errors in detail. I should date them between c. 400 and c. 200 B. C. (at latest)." Ich muß dagegen einwenden 1., daß es keine lih Inschrift geben kann, die mit denen der minäischen Kolonisten gleichzeitig ist; denn wenn in der ältesten lih Inschrift ein Priester des minäischen Gottes Wadd seine Gabe dem lihyanischen Gott Ḏū-ġābat darbringt, so setzt das voraus, daß eine selbständige minäische Kolonie nicht mehr existierte; 2., daß die Inschriften, in denen einheimische Könige in Verbindung mit einem Datum vorkommen — falls ich dated by native kings so verstehen darf — nicht anderen vorausgehen, sondern ihnen folgen; 3., daß *Winnett's* Schlüsse darauf beruhen, daß er das älteste lih Graffito No 55 statt auf ± 110 v. Chr. Mitte des 5. Jahrhunderts datiert.

Für die Periode der Abhängigkeit von den Nabatäern: das Eindringen des Wortes Kafr „Grab" und zweier Rechtsformeln aus den nab Grabinschriften von el-Higr; denn diese gehören dem ersten Jahrhundert A. D. an.

Für die spätlihyanische Periode: die Datierung nach Regierungsjahren der Könige. Dieser Brauch ist nabatäisch und dürfte von den Schattenkönigen der vorigen Periode stammen.

Das Königreich Dedan

Wir haben oben S. 21 den Niedergang der minäischen Kolonie in Dedan auf etwa 160 v. Chr. angesetzt[109] und damit implicite die Möglichkeit ausgeschlossen, daß das Königreich während der Blüte der Kolonie hätte existieren können; denn die neue Schrift ist eben das Symbol der Unabhängigkeit Dedans[110]. Dieses Königreich hat nur kurze Zeit bestanden, sind doch die Lihyan dort um 115 eingezogen. In der Tat wird in den dedanischen Inschriften nur ein König genannt, Kabur-Il (No 1).

Was die dedanischen Inschriften und Graffiti enthüllen, sind die Trümmer einer alten Kultur, die von der minäischen zerbrochen worden ist. Die Inschriften No 1 und 3—4 zeugen von einem Rechtsleben, dessen Sprache so altertümlich ist, daß sie das Wort „Lohn" nicht kennt. Die Toten wurden noch nicht in Stollengräbern bestattet, sondern in Grüften am Fuße der Felswände (No 1, 2, 8). Kabur-Il dürfte der erste König von Dedan gewesen sein, der Begründer seiner Unabhängigkeit, aber vielleicht auch der letzte. — Über die Religion müssen wir bei den theophoren Namen Auskunft suchen. Wir brauchen uns hier nicht auf die ded Inschriften und Graffiti zu beschränken, sondern können die ded-lih[111] dazu nehmen; vgl. oben S. 35 Es ergeben sich dabei folgende Götter:

Il in: Kabur-Il — Mata^{c}-Il — D̲araḥ-Il — ^{c}Ad̲ar-Il*[112] — Wasaq-Il* Il-barr* — Il-^{c}amm — Šaim-Il — Il-y t̲ ^{c} — ^{c}Irāš-Il* — Il-ab*

[109] *Albright's* Zahlen für die Dauer dieser Kolonie: c. 250 — c. 100 bedürfen ebenfalls einer gewissen Korrektur: ca. 400—115.

[110] Die politischen Beziehungen zwischen den minäischen Kolonisten und den Dedanitern sind dunkel. Das Gesetz über die Ehen zwischen Minäerinnen mit Dedanitern und anderen Fremden, JS min. 15, ist zu sehr zerstört, um Rückschlüsse aus dem gesellschaftlichen Zustand auf den politischen zu erlauben.

[111] In der unten stehenden Liste mit einem Sternchen bezeichnet. — Minäische Namen wie Yu'auwis-Il und Ḥamay-Maḫr sind ausgeschlossen. Zum letzteren vgl. ar. Banāt Maḫr. 'Abd-Hunai*, JS 179, 182 (idem) ist als 'A. b. H. zu verstehen.

[112] Einmal ded.

Ilāh in: Ilāh-ab
Yiṯa^{c} in: Yiṯa^{c}-amar — Wahb-Yiṯa^{c}
Ḫarg in: Ḫarg-y ṯ. ^{c}
Ra^{c}n in: Ra^{c}n-amar
Dād in: Natan-Dād
Na^{c}r in: Na^{c}r-gadd
Qaus in: Qaus-malik* — Qaus-barr*

Il und Ilāh sind Quasi-Appellativa für Gott. Wer war der Il von Dedan? Hatte er keinen Eigennamen? Die Bildungen, in denen er erscheint, sehen bis auf ^{c}Irāš-Il recht altertümlich aus. Mata^{c}-Il und Ḏaraḥ-Il können aus dem Südarabischen übernommen worden sein, kaum ^{c}Aḏar-Il, das nur einmal im Sabäischen vorkommt. Den Namen, in denen Il und Ilāh als Verwandte, Oheim und Vater, angesprochen werden, gehen Namen wie Absalām (bibl. Absalom), Ab-šakar voraus, in welchen der Verwandtschaftsbegriff das theophore Element ist[113]. Ṣaim-Il „Patron ist Il" klingt wie ein Protest gegen die Religion der Sabäer, in welcher Ṣaim „das Epitheton der di minorum gentium" war. — Yiṯa^{c} „Hilfe" scheint ein alter sabäischer Gott zu sein. Der Name Yiṯa^{c}-amar ist dort im 8. Jahrhundert belegt[114]. — Ḫarg dürfte ein Wassergott sein, wenn anders er der wasserreichen arabischen Provinz el-Ḫarg den Namen gegeben hat, vgl. ar ḫarg „der erste Regenguß". Er kommt auch in dem nordminäischen Namen Zaid-Ḫarg vor. Da aber die minäischen Kolonisten die Götter, die sie ihrem Pantheon hinzufügten, nicht aus Dedan, sondern aus der Ferne holten (Nāhī, Naḫs-ṭāb = ἀγαθὴ τυχή), dürfte auch Ḫarg von einem anderen arabischen Volke stammen. — Ra^{c}n bedeutet im Arabischen Felsvorsprung. Ich vermute, daß sich dieser Gott in der mehrfach erwähnten Felsnase manifestiert hat, so daß die dortigen Graffiti, unter denen Ra^{c}n später noch einmal erscheint, und die Zeichnungen religiöse Bedeutung haben.

Dād ist kanaanäisch und nabatäisch, wo es ar ^{c}amm vertritt! Es kommt zweimal in der Taima-Schrift, s. oben S. 21, freilich auch im Südar vor. Der

[113] S. zu solchen Namen *M. Noth,* Gemeinsemitische Erscheinungen in der israelitischen Namengebung, Diss. Leipzig 1927, 22 ff.

[114] Bei einigen Herrschern, von denen einer in den Annalen und in der Prunkinschrift Sargon's von Assyrien, 721—705, genannt wird. Der Name wird hier It-ʾ-am-ra/It-ʾ-am-a-ra umschrieben. — Von der gleichen Wurzel wie dieser Gottesname gebildete Elemente theophorer Namen oder Kurzformen von solchen kommen im Ded, s. die Liste oben, im Lih wie im Südar vor. Es ist aber kaum möglich zu entscheiden, ob es sich um verbale Formen, wie sie im „Tham" durch den Namen Yauṯaʿ und im Ar durch Yaiṯaʿ bezeugt sind, oder adjektivische handelt.

Name Natan-Dād gehört in dieselbe Kategorie wie Ab-salām. Auch Naᶜr ist kan[115], das einheimische Šabīb in [ᶜAbd]-Šabīb[116] meint vielleicht denselben Gott. — Qaus stammt aus Edom.

Berücksichtigt man, daß kanaanäisch migdāl im Nordmin und Lih und kan yain im Lih den Gebrauch dieser Worte im Dedanischen voraussetzen, so scheint die vielfach bekrittelte Stelle Jer. 49, 8, wo Dedan zu Edom gerechnet wird, auf einer historischen Tatsache zu beruhen, nämlich der Existenz einer edomitischen Kolonie daselbst.

Das Königreich Lihyan

Über die Heimat der Lihyan[117] (Plinius: Lechieni) sagen die Inschriften nichts. Doch ergibt sich aus den Königsnamen Taḫmai < Ptaḫmay und Tulmai < Ptolemaios, auch aus gewissen Formen ihrer Religion, Kunst und Sprache, daß die Lihyan früher in engen Beziehungen mit Ägypten gestanden haben müssen. Sie haben also vermutlich an der Küste nahe Dedan gewohnt.

Das älteste lihyanische Graffito (No 55)[118] scheint die Namen der beiden Häupter zu nennen, welche die Lihyan nach Dedan geführt und die Dedaniter unterworfen haben: Gušam b. Šahr und ᶜAbd. Der zweite trägt bereits den Titel: Statthalter von Dedan. Wessen Statthalter? Des Königs der Lihyan, der also damals noch nicht in Dedan residiert hat.

Es scheint übrigens, daß die Lihyan ihr Unternehmen nicht allein geplant haben, sondern dabei von Syro-Nabatäern unterstützt worden sind; denn anders läßt sich das peremptorische Auftreten eines von diesen (No 12) gar nicht verstehen. Es waren Kaufleute aus dem Ḥaurān, dem Endpunkt der Weihrauchstraße, die neben ihren Handelsinteressen den Kult ihres Gottes

[115] Kommt einmal südar vor, *J. H. Mordtmann* und *E. Mittwoch*, Altsüdarabische Inschriften, 1933, No 9.

[116] Vgl. Pseudominäisch ʿAbd-Šabīb, JS min. 206.

[117] Die Erwähnung in der Hierodulen-Liste von Maʿīn *(K. Mlaker*, ∼, Sammlung Orient. Arb. 15, Lpz. 1943) hilft nicht weiter. Liḥyān kommt im Ar als Stammes- und Personen-, aber auch als Ortsname (vom Regenbach ausgerissene Furchen; Sing. liḥyānah) vor. Mit dem bekannten Stamm in der Gegend von Mekka haben unsere Liḥyān nichts zu tun. Wohl aber besteht eine ferne Beziehung zu Liḥyōn, dem Ahnen eines Angehörigen des Stammes der Bahrā (Ibn Ḥazm, Gamhara, ed. Lévi-Provençal, 412, 13; so auch Ibn al-Kalbī, Muḫtaṣar, Ms. Ragip Paṣa); denn Liḥyōn ist die nabatäisierte Form von Liḥyān und die Bahrā haben einmal in der Gegend von Dedan gewohnt.

[118] Seine Bedeutung wird durch die in der lihyanischen Epigraphik unerhörte Formel: „in den Tagen des..." neben dem geläufigen: „unter der Regierung des..." betont.

Baᶜl-samīn propagierten. Ihre Beteiligung an dem Unternehmen diente entweder der Absicht, den Handel ganz nach Syrien abzulenken, oder der, in dem von Dedan kontrollierten Abschnitt der Straße Ordnung zu schaffen, woran es nach dem Tode König Kabur-Il's gefehlt haben mag. Vielleicht haben auch die Sabäer, nach dem Sturze des minäischen Reiches zunächst die einzigen südarabischen Exporteure, ihre Hand im Spiel gehabt[119]. Sicher sind die Lihyan bei ihrem Einzug von den freilich schwachen minäischen Kolonisten unterstützt worden, die natürlich mit den Dedanitern nicht gut standen; denn unter der Herrschaft der Lihyan beginnt geradezu eine Renaissance des Minäertums.

Über das Königtum hören wir in den ersten 13 Nummern nichts; aber das kann in ihrer Art und in ihrer Unvollständigkeit begründet sein. M 70 nennt dann einen, No 22 zwei; doch ist nur der Name des ersten erhalten: Hā-Nu'ās b. Šahr. *Winnett*[120] vermutet in ihm einen Bruder des eben genannten Führers. Das kann richtig sein, zumal ein späterer König Gušam heißt; nur muß man dann mit einem Wechsel der Dynastie rechnen. S. im übrigen die Königsliste!

Auch über die Funktion der Könige erfahren wir aus den Inschriften kaum etwas; No 22 veranlassen sie die Beschaffung von Baumaterial. Höchstens könnte man aus der Formel: bi-ra'y ... „unter der Regierung des ..." schließen, daß der Abstand zwischen dem König und seinen Untertanen nicht groß war; denn das Wort ra'y heißt an sich nur „Ratschluß".

Über die Ausdehnung des lihyanischen Reiches gibt No 33 einen Anhalt. Danach schloß es zuletzt die Städte Rābig, 140 km westlich, und Ṣau'ar, 21 km südöstlich Dedan, ein. Ursprünglich hat auch el-Higr dazu gehört; vgl. No 58, aus der man die amtliche Einführung der lihyanischen Schrift ablesen kann.

El-Higr ist vor 65 v. Chr. von den Nabatäern besetzt worden[121], von dort aus Taima. Bald darauf wurden die Lihyan von der Küste abgeschnitten, an der die Nabatäer Leuke Kome einnahmen, das bis dahin wohl den Lihyan gehört hatte, wenn es nicht sogar ihre Heimat war. Als die Nabatäer dann noch von Leuke Kome aus im Binnenland eine Kolonie unter einer Nebenlinie ihres Königshauses gründeten[122], war das lihyanische Reich von allen Seiten eingeschnürt.

[119] Leider ist No 10 nur ein sabäischer Name erhalten.
[120] *Winnett* M, 308.
[121] S. gleich unten im Text.
[122] S. den Bericht über den Feldzug des Aelius Gallus, 25/24, bei Strabo.

Königsliste

I. Reich

	Hā-..ī		M 70
	Hā-Nu'ās b. Šahr und ...[1]		No 22
Ḏū-asfa'ain	Taḫmai b. Lauḏān	anno 1/64 v. Chr.	No 26
Šimat/Šāmit	Gušam b. Lauḏān	anno 9/56 v. Chr.	No 79
	Gallat-Qaus[2]	anno 29/36 v. Chr.	No 30
Manāᶜī	Lauḏān b. Hā-Nu'ās	anno 35/30 v. Chr.	No 32

Nabatäische Herrschaft

	Masᶜūdū		JS nab. 334, 335, 337

II. Reich

	Hā-Nu'ās b. Tulmai	anno 5 seiner Regierung	No 72
	Tulmai b. Hā-Nu'ās	anno 2 seiner Regierung	No 74
Samāwī	Tulmai b. Hā-Nu'ās[3]		No 75
	ᶜAbdān Hā-Nu'ās[4]	anno 5/110 n. Chr.	No 77
	Salīḥ[5]	anno 20/125 n. Chr.	No 80
	Tulmai Hā-Nu'ās	anno 22/127 n. Chr.	No 82
	Faḍīg?	anno 29/134 n. Chr.	No 86

[1] vielleicht mit Hā-..ī identisch.

[2] Vatersname und Königstitel fehlen wegen Platzmangels.

[3] mit dem vorhergehenden identisch. Falls der Beiname bei der Thronbesteigung angenommen wurde, sind die beiden Nummern umzustellen.

[4] Bruder des Vorhergehenden. Regent?

[5] Regent.

Es versteht sich, daß von dem Augenblick der nabatäischen Expansion das ursprünglich freundnachbarliche Verhältnis der beiden Völker zu Bruch ging. Daher mußten die Lihyan den Sieg der Römer über die Nabatäer anno 64 freudig begrüßen. So, wenn nicht sogar durch eine direkte Verbindung zu den Römern, erklärt es sich, daß sie sofort die syrische Provinzära eingeführt haben, No 26.

Der Beginn der nabatäischen Besetzung liegt zwischen 25/24[123] und 9 v. Chr., s. oben S. 36, vermutlich näher an 9. Sie wird durch 31 nabatäische Graffiti bezeugt[124], eines davon, JS 216, scheint von einem Strategen zu stammen.

In der dieser Periode angehörenden No 63 wird ein König der Lihyan genannt; der Name ist leider zerstört. In jedem Falle war er eine Kreatur der Nabatäer. Ein anderer Schattenkönig dieser Zeit oder der gleiche ist „Mas^{c}ūdū, König der Lihyan", der seinen nab Namen auf der Rückkehr von einer Reise nach Taima 3mal in nab Schrift in den Felsen geritzt hat[125].

Die Abhängigkeit von den Nabatäern endet etwa in den 80er Jahren des ersten Jahrhunderts A. D.[126], d. h. unter der Regierung des letzten Königs der Nabatäer, Rabbel. 105 wird der nördliche Teil des Nabatäerreiches von den Römern eingezogen, und wenn Rabbel auch noch ein Jahr im südlichen Teil regiert hat, so ist damit doch die nabatäische Gefahr für immer geschwunden.

Die spätlihyanische Periode beginnt mit einer Katastrophe. Dedan wird durch ein Erdbeben zerstört. Der Tempel stürzt ein, die dort tagende Volksversammlung wird bis auf wenige, die sich in eine Krypta retten, unter den Trümmern begraben (No 70, 71). Der Wiederaufbau des Tempels zog sich über 30 Jahre hin (No 75; No 82, anno 22/127, war er noch nicht beendet, erst No 85, anno 29/134, setzt die Wiederherstellung voraus). So lange wurden die Inschriften von öffentlichem Interesse, die vordem im Tempel angebracht worden sein müssen, an einer Felswand, eben dem „Schwarzen Brett", eingemeißelt.

[123] Die Marschrichtung des Aelius Gallus setzt die Unabhängigkeit der Lihyan voraus, wie ich in meinem Vortrag gezeigt habe.

[124] JS nab. 201bis — 224, 382 — 385, 388, 389, 391.

[125] JS nab. 334, 335, 337. Sie gehören nicht, wie JS auf Grund veralteter Angaben im CIS annehmen, ins 2. Jahrhundert v. Chr., sondern ins 1. A. D.; denn ihre Schrift geht mit der palmyrenischen parallel.

[126] Wie oben S. 36 berechnet: 10 Inschriften auf 25 Jahre, 9 also auf $22^1/_2$. $106—22^1/_2 + 1 = 84^1/_2$.

Die Könige des zweiten lihyanischen Reiches gehören, nach ihren Namen zu urteilen, der alten Dynastie an. Ein sicheres Kriterium ist das aber nicht; denn neue Herrscherhäuser nehmen ja häufig die Namen früherer an, um den Schein der Legitimität zu wahren. Jedenfalls hat dieses neue Königtum die Stellung des alten nicht erreicht. Vielleicht, weil man ihm nach orientalischer Auffassung Schuld an der Katastrophe gab. Es wird mehr und mehr von der Volksversammlung zurückgedrängt. In den Inschriften No 74 und 82 wird der König despektierlich behandelt; dort fehlt der Königstitel, hier das Wort „Sohn“ zwischen dem Namen des Königs und dem seines Vaters. Auch No 77 vermißt man den Königstitel (samt „Sohn“); doch könnte es sich hier um einen Regenten handeln, wie das in No 80 sicher anzunehmen ist. Ob No 86.4, anno 29/134, überhaupt ein Regent gemeint ist, muß bezweifelt werden. Zur Zeit von No 90 war kein Regent vorhanden, wenn auch noch mit der Einsetzung eines solchen gerechnet wird. In der letzten Inschrift, No 91, aber regiert die Volksversammlung.

Während Dedan in der frühlihyanischen Zeit den Eindruck eines wohlgeordneten Gemeinwesens macht, ist das in der spätlihyanischen nicht mehr der Fall. Im Laufe der Zeit häufen sich die Fälle von Raub und Mord, s. No 79, 80, anno 20/124, 82, anno 22/127, 84, 86, anno 29/134, 90. In dieser Inschrift tauchen Personen mit seltsamen Namen auf. Sollten diese afrikanisch sein? Dann müßte es sich um Nachzügler jener Heere handeln, die der ungenannte König von Äthiopien, der im Monumentum Adulitanum spricht, gegen die Fürsten und Völker zwischen Leuke Kome und den Grenzen der Sabäer ausgesandt hatte[127].

Das letzte Zeichen des römischen Einflusses in Nordarabien, der Tempel[128], den das thamudische Volk in seiner Hauptstadt (heute Ḡ/Rawāfa) zwischen Ende 166 und Anfang 169 zu Ehren der Kaiser Marcus Aurelius Antoninus und Lucius Aurelius Verus errichtet hat, läßt dort noch auf geordnete Verhältnisse schließen. Man muß sich daher fragen, ob die jüngste lihyanische Inschrift No 91 statt um 150 erst nach jenem thamudischen Denkmal anzusetzen sei. Sie bezeugt den Rückgang der Kultur in Dedan — es wird nicht mehr nach der Ära von Boṣrā, sondern nach einem auffallenden Ereignis datiert, wie es bei den Beduinen üblich ist — und die Unsicherheit im Lande: es taucht hier zum ersten Male das Amt des ḫafīr (später gafīr) auf, das bis in unser Jahrhundert zum Schutz der Karawanen bestanden hat. Wir stehen an der Schwelle eines neuen, des beduinischen Zeitalters.

[127] in Cosmas Indikopleustes, ed. *Winstedt*, 75 f.
[128] *Musil*, The Northern Hegaz, 258, 291.

Kurz nach 300 finden sich Zeichen einer jüdischen Bevölkerung im südlichen Teile des Tales von Dedan: 2 mit Arabisch durchsetzte nabatäische Inschriften und 7 hebräische Graffiti[129]. Juden allein bewohnten zur Zeit des Propheten Mohammed das Wadi el-Qurā, wie die Oasen von Dedan damals hießen.

Wo aber sind die Lihyan geblieben? Die Masse dürfte zum Nomaden- oder Halbnomadentum übergegangen sein und sich in den dortigen Stämmen verloren haben[130]. Die Kaufleute aber sind nach dem im Anfang des dritten Jahrhunderts gegründeten Orte el-Ḥīrah übergesiedelt, diesseits des Euphrats, an der Grenze zwischen Steppe und Kulturland, wo sie vielleicht alte Handelsinteressen hatten. Aus b. Qallām, der im 4. Jh. während eines Interregnums in Hirah herrschte, war ein Lihyanit[131]. Ein Stadtviertel führte den Namen Lihyan[132]. — 175 km südlich Hirah liegt an einer alten Handels- und später Pilgerstraße der Ort Salmān. Ist er nach dem lihyanischen Gott genannt? Haben ihm lihyanische Kaufleute dort eine Kultstätte errichtet? Im 6. Jahrhundert ist dort ein Gott Muḥarriq von den Beduinen verehrt worden[133].

Religion

Götter

Der Gott der Lihyan ist namenlos; denn Ḏū-ġābat bedeutet nur „der vom/im Dickicht". Er war der Gott ihrer Väter und er ist mit seinem Volke nach Dedan gewandert; denn in einem alten Graffito, JS tam., 251 c, erscheint er in dem Namen, den der Großvater des Schreibers führt. Acht Weihinschriften (von elf, in denen ein Gottesname erhalten ist) gelten ihm, in vier anderen wird er genannt. Über sein Wesen sagen diese Inschriften nichts aus. Auch die Namen, in denen er erscheint: ᶜAbd-Ḏū-ġābat, Fāliḥ-Dg, Ḫ r ḥ-Dg, ᶜIrār-Dg, Mar'-Dg, Zaid-Dg, verraten nichts davon, mit einer Ausnahme: ᶜIrār-Dg. Denn ᶜIrār bedeutet ein Hautleiden, Schwären, also eine „heilige Krankheit", die der Gott sendet.

[129] CIS II, 333; JS nab. 386, 387 — JS hebr. 1—6,8.

[130] s. S. 39, Anm. 117.

[131] *Rothstein,* Die Dynastie der Laḫmiden in al-Ḥīra, Berlin 1899, 52, 64 f.

[132] Aġānī³, II, 100; Ḥâtim Ṭey, ed. *Schulthess,* Leipzig 1897, No 49,6, wo Liḥyān statt Laḥyān zu lesen ist. Die Deutung, L. sei ein Schloß in Hirah, Yāqūt IV, 353, ist aus der späten Sage geflossen, welche hier dem Gedicht vorangestellt worden ist.

[133] Yāqūt, s. v.; *Wellhausen,* Reste arabischen Heidentums², 57.

Ḏū-ġābat hat andere Götter neben sich, in frühlihyanischer Zeit: hā-Maḥr, Hāni'-Kātib und die Göttin ᶜUzzai. Hā-Maḥr (südar, auch nordmin „Gesetz") kommt nur No 18 zusammen mit Hāni'-Kātib vor. Auch er ist also von den Lihyan mitgebracht worden, aber früh verschwunden, hat auch keine Namen hinterlassen.

Länger hat sich Hāni'-Kātib gehalten. Zwei Weihinschriften sind ihm gewidmet. Dazu die Namen: Garam-Hāni'-Kātib und Zaid-Hāni'-Kātib. Der Name bedeutet „Diener (des) Schreibers" (als Eigenname undeterminiert). Unter den beiden göttlichen Schreibern des Alten Orients, Nebu in Babylonien, Thot in Ägypten, kommt als Vorbild des lihyanischen Kātib nur Thot in Betracht, teils wegen der alten Beziehungen der Lihyan zu Ägypten, teils weil Thot, nicht Nebu, einen Diener hatte: den Affen. Längst nachdem Nebu und Thot mit Hermes und Merkur zusammengefallen und an den Sternhimmel versetzt waren, nannte man den Planeten im Westen der islamischen Welt: el-Kātib[134], während er im Osten ᶜUṭārid hieß. Ob sich auch die Lihyan ihren „Diener des Schreibers" als Affen vorgestellt haben, bleibe dahingestellt. Über seine Funktion werden wir noch im Abschnitt Idiomatisches hören.

Han-ᶜUzzai, „die sehr hoheitsvolle", ar el-ᶜUzzā, ist der Morgenstern[135]. Die beiden Inschriften, No 13, 25, in denen sie vorkommt, sind der älteste Beleg für diese Göttin. Trotzdem ist es zweifelhaft, ob sie ursprünglich den Lihyan gehörte; denn No 25 stammt von einem Syro-Nabatäer her, auch kommt sie in keinem Personennamen vor.

Sicher fremder Herkunft, daher oben nicht mitgezählt, ist Baᶜl-Samīn, „der Herr des Himmels". Baᶜl-Samīn ist von Norden gekommen, aus dem Haurangebiet, wo ihm die Nabatäer in Sīᶜ 33/32—13/12 (2/1) v. Chr. einen Tempel gebaut haben. Auf ihn weisen die Namen ᶜAbd- (Baᶜl-) Samīn, Natan-Baᶜl/Natabbaᶜl und Baᶜl, die beiden letzten in der eben erwähnten Inschrift der ᶜUzzai.

Später ist der Gott ᶜAglibōn[136] eingeführt worden. Das ist ᶜAgli-Bōl, „das Stierkalb des Bōl", der später mit Yarḥi-Bōl und Bēl die Trias von Palmyra bildete. Ein Kaufmann scheint ihn aus der Fremde mitgebracht zu haben, wohin die Macht der lihyanischen Götter nicht reichte. Nicht aus Palmyra, sonst hätte sich das l nicht in ein n verwandelt, eher aus Mesopotamien.

134 Maqrīzī, Ḫiṭaṭ.
135 Nach *Wellhausens* sicherer Deutung.
136 Ich habe den Namen absichtlich so belassen.

Diese Götter verschwinden mit der frühlihyanischen Periode, außer Ḏū-ġābat. In der spätlihyanischen erscheinen zwei neue, die wohl miteinander identisch sind: Salmān und Abū-īlāf. Salmān kommt in zwei Inschriften vor. In No 82.6.7 sind ihm Sühnopfer „an den beiden Seiten eines Grabes" zu bringen. Die Symbole des Abū-īlāf sind die beiden Löwen (s. oben S. 18), die „zu den beiden Seiten eines Grabes" (No 72) Wache halten. Beide sind also Hüter des Totenreiches. Man darf daher annehmen, daß Abū-īlāf, „der Eintracht-Stifter", der Beiname des Salmān ist. Mit Salmān werden keine Namen gebildet. Den Beinamen Abū-īlāf aber hat sich die herrische Persönlichkeit angeeignet, welche die Inschrift No 77 inspiriert hat.

Von den beiden Namen, die zunächst appellativisch Gott bezeichnen, Il und Ilāh, tritt Il[137] bei den Lihyan gegenüber den Dedanitern zurück. Mit Il gebildete Namen sind: Garam-Il, Il-barr, Mar'-Il, frühlih; ᶜAzz-Il, ᶜAmm-Il (auch frühlih), Iyās-Il, Saᶜd-Il, Yamsik-Il, spätlih.

Ilāh erscheint im Lihyanischen, mit einer Ausnahme: Ilāh-laṯaᶜ, No 39 aus el-Higr, wo die Lihyan unter fremdem Kultureinfluß standen, in der Kurzform: Lāh[138]: Hāni'-Lāh, Nasa'-Lāh, Wadaᶜ-Lāh, frühlih; Mar'-Lāh, Taim-Lāh, Wahb-Lāh, Zaid-Lāh, frühlih-spätlih und sehr häufig; Garam-Lāh, Saᶜd-Lāh, spätlih.

In allen diesen Namen werden Il und Lāh so gebraucht, als seien es Eigennamen, so auch in dem Gebet No 60 (aus el-Higr). Trotzdem glaube ich, daß die Lihyan damit ihre Götter meinten. Steht doch Lāh No 62 (und, wenn meine Ergänzung richtig ist, auch No 63) offenbar für den während der nabatäischen Herrschaft verdächtigen Nationalgott Ḏū-ġābat.

Eindeutig ist [Lā] hathum (Ilāhathum), „ihre Göttin", No 27. — Dagegen bezeichnet die weiter verkürzte Form Lāt eine besondere Göttin. Die Lāt ist von Norden gekommen, wo sie bei den Nabatäern und Palmyrenern al-Lāt hieß. Namen: Taim-Lāt[139].

Nur in Namen, aber da häufig, begegnet die Schicksalsgöttin Manāt. Neben dieser steht eine zweite Form: M n w t. Sie ist nicht als Plural aufzufassen, sondern als Wiedergabe der nab Form Manōtū, die (wie zum Teil auch von den „Thamūd" und später von den Arabern) mit der Schreibung

[137] Namen von Fremden wie Tinnīl > Tinn-Il und ʿĀyiḏīl > ʿĀyiḏ-Il, habe ich ausgeschlossen. Bei dem nordmin Ḥamai-Il kann man zweifeln, ob die Träger dieses Namens nur Nachkommen der minäischen Kolonisten oder auch Lihyan sind.

[138] Im Ar in Formen wie Lāhi!, Lāhumma!, Lāhi 'bnu ʿammika! erhalten.

[139] Taim-Lāt, JS min. 87, 132 ist schon von *J. H. Mordtmann* MoMi, S. 88, als pseudominäisch erklärt worden.

übernommen worden ist. Die Namen lauten: Aus-Manāt, ᶜAbd-M, frühlih aus el-Higr, ᶜAbmanāt, früh-spätlih, ᶜĀyiḏ-M, ded-lih, Haun-M, früh-spätlih, spätlih, Nuᶜm-M, frühlih, Nasa'-M[140], ded-lih vom Wege el-Higr—Taima, Qain-M, Šanf-M, spätlih, Tahnu'-M, frühlih.

Spreu von Gottesnamen

Wie oben sind auch hier Namen von Fremden auszuscheiden: nordmin Arīs-Wadd, ᶜAbd-Wadd, Zaid-Wadd, „tham" Hāni'-Ḫunkat, jüdische wie ᶜAzaryah. Dazu aber auch solche, in denen die Gottheit nicht mit ihrem Namen, sondern durch ein Epithet bezeichnet wird. Hierher sind zu rechnen: Amat-Ḥamīd, Amat-Yaṯᶜān. Ob auch ᶜAbd-Ġauṯ, Zaid-Ġauṯ, ᶜAbd-Qānī, Zaid-Qānī?

Yiṯaᶜ	in:	Yiṯaᶜ-ḥann, spätlih
Ḫarg	in:	ᶜAbd-Ḫarg — Zaid-Ḫarg, spätlih
Raᶜn	in:	Raᶜn-amid — Raᶜn-laṯaᶜ, spätlih
Dād	in:	Ḥaiy-Dād, spätlih
Dādat	in:	ᶜAbd-Dādat, spätlih aus el-Higr
Qaus	in:	Gallat-Qaus, frühlih
Qais (?)	in:	ᶜAbd-Qais, spätlih
Ṣalm	in:	Ṣalm-gadd — Ṣalm-yaḥubb, frühlih
Šams	in:	ᶜAmm-Šams, frühlih
Ḥamal	in:	ᶜAbd-Ḥamal, frühlih
Ḥūt	in:	ᶜAbd-Ḥūt, spätlih

Merkwürdig, wie Dād, Ḫarg, Yiṯaᶜ, Raᶜn, aus der ded Zeit bekannt, in der spätlih wieder zum Vorschein kommen! Dazu das weibliche Gegenstück von Dād. Noch merkwürdiger, wie sich der edomitische Gott Qaus „Bogen" in eine lihyanische Göttin[141] verwandelt. Ob man den nächsten Namen ᶜAbd-Qaus oder ᶜAbd-Qais lesen soll, ist fraglich. ᶜAbd-Qais kommt noch im Arabischen ohne Artikel vor. *Bräu's*[142] Deutung von Qais als Schutzherr der Grenzen von Ländereien mag zutreffen.

Ṣalm stammt aus Taima; in der Tat rührt der eine Name von einem Lihyaniten her, dessen Familie nach Taima verschlagen wurde oder der im

[140] Sehr auffällig, daß das Verb im masc. steht. Vermutlich mit *Grimme*, S. 278, so zu erklären, daß die Manāt „eher eine neutrale Schicksalsmacht als eine weibliche Gottheit" ist.
[141] Qaus „Bogen" ist im ar masc und femin.
[142] WZKM, XXXII, 56.

Karawanenverkehr dorthin tätig war. Salm ist um 500 nach Taima gebracht worden[143], die Inthronisationsurkunde ist erhalten.

Šams „die Sonne" ist um diese Zeit in Nordarabien meist männlich. Auch die beiden nächsten Gottheiten sind astral: Ḥamal ist das Tierkreiszeichen des Widders, Ḥūt das der Fische.

Dunkel Lādd in Ragul(?)-Lādd und Zaid-L., vgl. *v. d. Branden*, 430 f. aus Dedan!

Gottesdienst

In den Inschriften wird nur ein Tempel erwähnt, der des Ḏū-ġābat. Vermutlich hat kein anderer existiert, waren nicht nur ᶜAglibōn, No 30, 32, sondern auch die übrigen Gottheiten dort zu Hause. Der Tempel ist natürlich das oben S. 17 geschilderte Heiligtum. Er hat früher den Göttern von Maᶜīn gedient; denn nur, wenn Ḏū-ġābat in dem gleichen Hause wohnte wie einst Wadd, ist es zu begreifen, daß ein Priester des Wadd seine Gabe dem Ḏū-ġābat darbringt, No 9. Freilich haben die Lihyan den Tempel ausgebaut und vergrößert; No 14, 18, 26. Dagegen dürfte die No 17 erwähnte Krypta aus sehr alter Zeit herrühren.

An Tempelgerät kommen in No 29, vgl. 66, Bronze/Kupfer-Kessel und ein Gefäß zum Waschen von Gewändern aus weißem Leinen vor. Diese gehörten natürlich den Priestern, die also die gleiche Tracht wie in Jerusalem, Palmyra und Dura trugen[144].

Eine Bezeichnung für Priester ist wie im Nordmin afkal, weiblich: afkalat; es mag auch andere gegeben haben. Im Tempel waren Sklaven beschäftigt. So möchte ich No 9 verstehen, obwohl es nicht ausgeschlossen ist, daß es sich hier um ein Menschenopfer handelt. Ein freies Mädchen wird von seiner Mutter (?) dem Salmān geweiht, um im Tempel (als Hierodule wie bei den Minäern?) zu dienen, No 73.

Damit kommen wir auf die Frage, was die Standbilder bedeuten, die im Tempel gefunden worden sind oder in den Inschriften genannt werden. Da jene kein Zeichen aufweisen, das sie als Götter erkennen läßt, stellen sie Menschen dar. Die Statuen sind wohl ursprünglich als ein symbolischer Er-

[143] Wie man aus diesem terminus a quo einen terminus ad quem erschließen kann (*Winnett*, 50) ist rätselhaft; denn erstens wissen wir nicht, wann der Kult des Ṣalm in Taima aufgehört hat, und zweitens überdauern theophore Namen die Verehrung der betreffenden Götter Jahrhunderte und Jahrtausende lang.

[144] 2. Mose, 28, 39 ff.; *Rostovtzeff*, Caravan Cities, Oxford, 1922, Tafel 23.

satz für Männer und Frauen [145] gedacht, die, etwa als Erstgeburt, den Göttern geweiht (oder zu opfern?) waren. In den Inschriften selbst kommt dieser Gedanke nicht mehr zum Ausdruck. Soweit überhaupt ein Motiv angedeutet wird, werden die Bilder aus Dankbarkeit, No 15, aus Furcht, No 71, oder zur Sühne, No 82.6, dargebracht.

Wie sich der tägliche Kult im Tempel gestaltet hat, ist unbekannt. Kleine Steintafeln (21—28 cm im Quadrat) mit eingelassenen Vertiefungen und einer Rinne dienten wohl für Speisopfer [146]. Dem D̠ū-ġābat scheinen Trankopfer dargebracht worden zu sein, die aus Wein bestanden, No 82.4.5. Ausdrücklich werden nur Brandopfer genannt, mit einer Ausnahme, No 39, wo ein Schlachtopfer einer unbekannten Gottheit im Gebel Et̠lib dargebracht wird. Durch Brandopfer wird Mord gesühnt, die gestörte Gemeinschaft wieder hergestellt und mit den Göttern versöhnt — wenn der Tote dieser Gemeinschaft nicht angehört, auch mit fremden, unbekannten Göttern, No 31. In der spätlih Inschrift No 82 finden zunächst Brandopfer am „Schlangenort" statt. Die Schlange ist eine chthonische Gottheit. Sie stellt die Erde dar, „die ihren Mund aufgetan und deines Bruders Blut von deinen Händen empfangen hat" (1. Mose 4, 11). Das Brandopfer für D̠ū-ġābat muß unterbleiben, weil es nur in seinem, damals noch zerstörten Tempel dargebracht werden konnte. Das Brandopfer für Salmān findet „zu beiden Seiten eines Grabes" statt. — Das Totenreich, dessen Hüter er ist, nimmt also an der Gemeinschaft der Lebenden teil, und wenn dem Salmān, wie oben S. 46 vermutet, der Beiname Abū-īlāf „Eintrachtstifter" zukommt, so ist er in dieser Zeit auch der Hüter der Gemeinschaft der Lebenden. Mit diesem Amt des Gottes hängt es offenbar zusammen, daß die drei Mordanzeigen No 79, 80, 86, über oder neben einem Grabe gesetzt werden [147].

Der Ausdruck „zu beiden Seiten eines Grabes" weist auf einen älteren Ritus hin. Nach der frühen Inschrift No 17 wird ein Grab „zur Rechten und zur Linken" mit Tierasche geschwärzt; wenn meine Deutung richtig ist, mit der Asche eines pechschwarzen Stieres. Das erinnert an die Asche der roten Kuh, 4. Mose 19, die (mit Wasser vermengt), freilich nicht wie in No 17 das Grab, also den Toten, vor den Dämonen, sondern den Lebenden vor dem Dämon des Toten schützen soll; denn diese Vorstellung liegt natürlich dem Begriff der Verunreinigung durch Berührung eines Toten zugrunde. — Grab

[145] No 22 eine weibliche Statue für die ʿUzzai.
[146] Nach ägypt. Vorbild. S. die Bilder *Doughty*, I, 160; EM, Taf. XII; JS, II, 48.
[147] No 79 über einem zukünftigen Grab.

und Inschrift No 17 gehören einem Syro-Nabatäer an. Dieser Ritus stammt also vielleicht aus Syrien.

Die spätlihyanischen Riten setzen, wie auch die Einrichtung der Gräber, s. oben S. 18, den Glauben an ein Fortleben des Toten voraus. Eine weit ältere Vorstellung lebt in dem Namen der Stele fort, die dem Toten gesetzt wird: nafs „Seele". Der Glaube, daß die Seele des Verstorbenen in einen Stein gebannt wird, gehört der Megalithzeit an. Diese hat im Ostjordanland (und selbst in Arabien) manche Denkmäler hinterlassen. Dort ist Name und Sache im 3. Jahrhundert (?) v. Chr. wieder lebendig geworden und hat sich später in der ganzen westaramäischen Welt und bis nach Südarabien verbreitet[148]. Auch aus dem minäischen Dedan ist eine solche Stele bekannt, JS min. 23, aus dem spätlihyanischen, No 92.

Frömmigkeit

Wer der Gottheit einen Bau, ein Standbild darbringt, darf um „Leben, Glück und Nachkommenschaft" bitten. In No 60 hat diese Wunschformel den Charakter eines Gebetes; sie ist hier mit dem Anruf Gottes verbunden und bezieht sich nicht auf eine Leistung des Betenden. Aber dieses Graffito stammt aus el-Higr und steht wohl unter dem Einfluß der „tham" Graffiti, in denen sich häufig derart unmittelbare Äußerungen der Frömmigkeit finden.

Gelübde gehen, wenn nicht erfüllt, vom Vater auf die Söhne, von der Mutter auf die Tochter über, No 30, 32, 73. — Die Erfüllung eines Versprechens an die Gottheit liegt auch dem Ausdruck hamta^c „sein Heil erwirken" zugrunde; denn im Nordmin steht die entsprechende Form samta^c (musamti^c) stets mit sabrar (musabrir) „erfüllen" zusammen.

Das Institut der öffentlichen Buße für Sünden, No 87, spätlih, rührt von den Minäern her.

Die späte Inschrift No 89 spricht von einem Traumorakel; die Inkubationsstätte dürfte das Grab sein, neben dem sie steht. — Welcher Art das Orakel war, dem 6 Lihyan aus el-Higr ihr Anliegen schriftlich vortragen, wer der Erschaffende-Hörende[149], zu dessen Kultstätte sie nachts gepilgert sind, No 112, ist dunkel.

[148] Das bedeutendste, wenn auch nur literarisch erhaltene Denkmal sind die 7 Stelen des Makkabäergrabes zu Modin, 1. Makkab. 13, 28, anno 142.

[149] Badī‘-Samī‘. Beide Ausdrücke kehren bekanntlich im Koran wieder.

Zwei Inschriften, No 21, 85, beginnen mit einem ḏ (Abkürzung von Ḏū-gābat?), das offenbar apotropäische Bedeutung hat. Auch in der Namengebung gehört manches hierher, worauf wir noch zu sprechen kommen.

Recht

Die Lihyan kannten keine Blutrache; denn die Sühne schließt diese aus, s. noch No 86. Aber die Sühne ist nur eine Seite der Behandlung des Mordes; die übrigen sind nicht deutlich zu erkennen, z. T. deshalb, weil die betreffenden Inschriften zerstört sind. Wen vertritt der Vertrauensmann, dem der Mörder des Fremden laut No 31 einen Teil der Beute zu übergeben hat, falls er den Mord nicht sühnt? Die fremden Kaufleute? Fällt jener Teil schließlich diesen zu? Wie steht es mit der Regelung der familienrechtlichen Ansprüche, No 82? Ist das ebenda Z. 3 Gemeinte ein Pfand, das sich die Familie des Ermordeten nimmt? Wer spricht Recht und wer vollzieht es?

Alle Grabinschriften sind rechtlicher Natur, Besitzurkunden. Der Zusatz „für seine Erben" in der spätlih Inschrift No 74, vgl. No 67, der Fluch No 63 und die erbrechtliche Formel No 65, früh-spätlih, sind den nab Grabinschriften von el-Higr entnommen oder ihnen nachgebildet.

An einem Sklaven konnten mehrere Besitzer teilhaben, No 9.

Gesellschaft

Die Gesellschaft hat ursprünglich aus drei getrennten Gruppen bestanden, den eingewanderten Lihyan, den der Herrschaft beraubten Dedanitern und den Nachkommen der minäischen Kolonisten. Sie haben auch wohl getrennt voneinander gewohnt; denn es ist anzunehmen, daß die Minäer von den Dedanitern und diese von den Lihyan aus der Stadt gewiesen worden sind. Die Dedaniter haben sich langsam den Siegern angepaßt, die Minäer z. T. eine gewisse Selbständigkeit bewahrt: die minäischen Bauern hielten in der frühlihyanischen Zeit an ihrem Dialekt fest, während die Arbeiter im Steinbruch halbverstandene lihyanische Ausdrücke darunter mengten[150]. Angehörige der alten Familien (Ḏū-)Ṯaubat und Ḏū Y ṯ mat schrieben noch zu Beginn der spätlih Zeit, also gegen Ende des ersten Jahrhunderts n. Chr., minäisch, JS 364.1.2, während die Ḏū-ᶜAmm-ratAᶜ früh zur lih-Schrift übergingen[151]. Manche gebrauchten in ihrem Milieu die alte, im lihyanischen

[150] JS 158, JS min. 148 — JS min. 145.3, 166.6.

[151] M 57.3.4 und für andere 'Amm-rata' No 101 und das Namensverzeichnis. — Das Auslassen des Ḏū vor dem Familiennamen ist ein Zeichen der Anpassung.

die neue Schrift [152]. Auch die minäische Religion war in der frühlih Zeit noch lebendig [153].

Die Teilnahme an der Volksversammlung war natürlich den Lihyan vorbehalten, aber ob ihnen allen, ist zweifelhaft. Die Einrichtung selbst dürfte, wie ihr Name gibill *Dedān* zeigt, aus der ded Zeit herrühren.

Erst durch den Druck der nabatäischen Fremdherrschaft sind jene Gruppen zusammengewachsen. So erklärt es sich, daß die dedanischen Namen wieder in Gebrauch kommen, und daß gewisse Einrichtungen der minäischen Religion eindringen, s. oben S. 50. Hat sich dieser Wandel auch in der Zusammensetzung der Volksversammlung ausgedrückt? Kaum. Eher in den beiden rätselhaften Vereinigungen „Stachelschwein" und „?", die in No 77 auftreten. Der Name der ersten läßt eine politische Tätigkeit, und zwar eine unterirdische, vermuten; denn das Stachelschwein ist ein Nachttier, das tagsüber in Höhlen wohnt. Waren es Geheimbünde, die sich während der nabatäischen Herrschaft gebildet hatten, um diese zu stürzen?

Auch außer den Syro-Nabatäern hatten sich manche Fremde in Dedan niedergelassen, aus der Gegend von Taima, aus dem heutigen Tebūk und aus anderen „tham" Gegenden, No 44, JS 167, 162, aber auch Juden und Griechen. Ein Jude erscheint schon im ersten Jahrhundert v. Chr., Aus hā-ḥabr, also ein Mitglied eines, nicht notwendig rabbinischen, Kollegiums. Andere, ᶜAzaryah b. Āsyā, ᶜAzar, Abīū b. Salmū [154], in spätlih-Zeit. Der Grieche, der das spätlih Graffito JS 284 hinterlassen hat, heißt Gurg/Georgios und ist ein zammār/auletes, also ein Oboenspieler.

Über die horizontale Gliederung der Gesellschaft ist nicht viel zu ersehen. Ganz oben standen die Verwalter von Tempelgut, ein Amt, das teilweise erblich gewesen zu sein scheint (No 26, 75), ganz unten die Sklaven, dazwischen Kaufleute, Handwerker und Karawanenleute.

Sklaven taten im Tempel Dienst, No 9, arbeiteten auf den Feldern (wenn auch nicht nur Sklaven), No 106. Vor allem aber waren sie in „Kunst und Wissenschaft" tätig und sind für diesen Zweck gekauft oder erzogen worden. Sklaven sind die Bildhauer No 11, dieser aus Syrien, und No 72. Ein Sklave als Schreiber begegnet uns schon bei den Dedanitern, No 5. Der Schreiber

[152] Nafī ʿAmamum, JS min. 75 = hā-Nafī ʿAmam, M 57.4 (die Mischform hā-Nafī ʿAmamum, JS 193, stammt, auch der Schrift nach (ded-lih), von einem anderen Mitglied der Familie). Ein anderes Beispiel s. oben S. 28, Anm. 67.

[153] JS 269. 1.2, vgl. oben S. 31. Auch die angebliche Grabinschrift JS min. 32 stammt aus frühlih Zeit.

[154] JS nab. 387.

No 32, welcher den Namen seines verstorbenen Herrn führt, ist wohl ein im Hause geborener Sklave oder ein Klient der Familie.

Die Familienordnung war patriarchalisch. Knaben galten mehr als Mädchen; denn sie erhalten häufig Mädchennamen, um sie vor Unheil zu schützen.

Die Frau war in der religiösen Sphäre mit dem Manne gleichberechtigt. Sie ist Priesterin, bringt der Gottheit Standbilder dar, nimmt Gelübde auf sich und vererbt sie, ruft Götter und Menschen um Sühne für die Ermordung ihres Gatten an, No 12.3, 19, 73, 79.

Zu den Namen

Dedaniter und Lihyan haben nur einen individuellen Namen. Wenn also in den Graffiti dem ersten ein zweiter oder noch ein dritter folgt, so sind das die Namen des Vaters und des Großvaters, vor denen Bin „Sohn des", um Mühe zu sparen, ausgelassen worden ist. Nichts anderes bedeutet die Namenfolge N. b. N., N., die No 25, 52, 62, 71, 74, JS 355 vorkommt. Das Schema findet sich auch umgekehrt, z. B. JS 303: Šāmit (bin) Ḥamai-Il bin Fāḥiš. — Bei den Dedanitern geht die Namenreihe nicht über den Vater, bei den Lihyan nicht über den Großvater hinaus, ausgenommen JS 355.1 (letzter Name)—3. Außerdem bildet der Name Ḥayau, „lebendig", in No 30.2/32.1, 52, eine Ausnahme; vielleicht ist er später nach einer überstandenen Krankheit hinzugesetzt worden. — Die Fälle, in denen in einem Graffito mehrere Personen genannt werden, sind von den genannten fast immer ohne Schwierigkeit zu unterscheiden, sei es durch eine neue Zeile, durch einen sonst fehlenden Trenner und dergleichen.

Die Könige von Dedan führen Beinamen, die dem Eigennamen vorangehen, s. S. 41. Sonst kommen in dieser Stellung noch zwei Titel vor, Gābil-Dedān und Hādiq-Dedān. — Ein nachgesetzter Beiname No 66.

Eine Kunya, d. h. ein mit Abū oder Umm beginnender Beiname, kommt dreimal vor, immer in übertragenem Sinne: Abū-īlāf, Abū-alḥān.

Paronomastische Namengebung: Nu^{c}mān/Na^{c}mān b. Mun^{c}im, No 57, Na^{c}mā b. Mun^{c}im, JS 349.

Bei den Lihyan ist nur ein Familienname festzustellen, Bata^{c}. In No 84 ist eine Nisbeh erhalten, d. h. eine Form, welche die Zugehörigkeit zu einer bestimmten Familie angibt, zwei weitere ibd. und No 85 sind zerstört, alle spätlih.

Wirtschaft

Das größte wirtschaftliche Unternehmen war der Tempel. Er besaß in der Stadt mehrstöckige Häuser, No 26, die von den Minäern erbaut waren. In der feuchten Atmosphäre des engen Tales boten ihre Obergeschosse frische Luft, s. oben S. 14; die Häuser werden also einen erheblichen Zins eingebracht haben. Außerdem besaß der Tempel Herden, aus Kamelen und Kleinvieh bestehend, No 75. Die Kamele mögen an Karawanen oder zum Betrieb von Bewässerungsbrunnen vermietet worden sein. — Von Kamelherden in Privatbesitz erzählen No 64, 66; 51 und 98 rühren von durchziehenden Nomaden oder Halbnomaden her. Es gab auch im Tale selbst Weideland, und zwar im Südwesten und Südosten, s. No 37, JS 140 und die oben S. 19 erwähnte Zeichnung.

Fruchtbares Land lag im Norden der Stadt, am Fuße des südlichen Teiles der Felswand el-Hereibeh, nördlich des Bahnhofes und an der westlichen Felswand, No 67, JS min. 148 (aus frühlih Zeit); No 69; JS 158 (min aus frühlih Zeit). In allen diesen Fällen handelt es sich aber um Land, das neu oder erneut unter Kultur genommen wird, während die Lage und Ausdehnung der alten Oase nicht zu ersehen ist. In dieser wird es nicht viel anders ausgesehen haben als zu Doughtys Zeit, s. oben S. 14, nur daß der Weinbau ausgedehnter war. Auch schlechter Boden wurde urbar gemacht, No 106, natürlich zum Anbau von Getreide.

Von Handwerkern wird ein Kupferschmied naḥḥās genannt und ein Schwertfeger zaṭṭām[155].

Die vielen Graffiti an der Route Dedan—el-Higr, s. oben S. 23—31, zu denen noch 6 „tham“, 60 nabatäische, 12 griechische und 1 römisches[156] kommen, zeigen, wie lebhaft der Karawanenverkehr auf diesem Abschnitt der Weihrauchstraße gewesen ist, Funde spätlih Münzen in Südarabien, daß er sich nach wie vor bis dorthin erstreckt hat. Nur eine Inschrift, No 81, nimmt direkt auf den Handel Bezug, und zwar auf den mit Sennesblättern, einem Erzeugnis Westarabiens.

[155] dazu ar saṭm und die Namen Saṭṭām/Ṣaṭṭām.

[156] *v. d. Branden*, 424 ff. — JS nab. 225—283, von Qebūr el-Gindī nordwärts — JS grec. 4—13; *Huber* 407 = *Euting* 250, 409, alle bei Qebūr el-Gindī und meist von römischen Kamelreitern herrührend — *Huber* 408 = *Euting* 250, dito.

Münzen

Über das Münzwesen der frühlih Zeit ist nichts bekannt. Später waren die Silberdrachmen des Nabatäerkönigs Aretas IV. (9 v. bis 40 n. Chr.) im Umlauf, No 69. Zu Beginn des zweiten lihyanischen Reiches wurden zwei (drei?) Serien südarabischer Münzen vom Ende des 2. und Anfang des 1. Jahrhunderts v. Chr. — ihrerseits Nachahmungen athenischen Silbergeldes — mit einer lihyanischen Legende überprägt: a) Obv: Athenekopf. Rev.: Eule. Darüber die Legende. Gewicht: 5,41 gr. — b) Obv.: Kopf eines bartlosen Mannes mit langen, geflochtenen Haarsträhnen in einem Kranz. Rev.: Eule auf liegender Amphora. Darüber die Legende. Gewicht: 5,55 gr.[157]. Münzen der Serie b kommen in No 83 vor. Sie heißen treffend walmān „bekränzt".

Die Legende ist nach mancherlei in die Irre gehenden Versuchen von John Walker 1948[158] nach einer (unzureichenden) lihyanischen Schrifttafel: š h r h l l = Šahr Hilāl gelesen worden. Ohne Kenntnis dieses Versuches hat P. Boneschi 1951[159] h m s m y y gelesen, was dem Schriftbild näherkommt, dieses aber als Hamm Sumayy gedeutet, was schon aus Gründen der Orthographie (yy) nicht angeht. Es ist vielmehr zu lesen: h m r m y y[160], und das ist, s. wiederum No 83, eine Abkürzung für hā-mar' M . . ., wobei das erste y zu dem Eigennamen des Münzherren gehören könnte, das zweite zu seinem Vatersnamen. Für mehr Buchstaben ist auf der Münze kein Platz.

Die Münzen dürften aus einem Hort stammen, der von den Nabatäern nicht entdeckt worden ist. Der Münzherr hatte seine Befugnis wohl gepachtet. Daß ein Teil der Münzen in Südarabien gefunden worden ist — die der Serie b überwiegend in einem Hort in Ṣanᶜā — ist nicht verwunderlich; denn die Lihyan bezogen natürlich Waren von dort.

157 Auf Einzelheiten, die man in *G. F. Hill,* Catalogue of the Greek Coins of Arabia, Mesopotamiya and Persia, London 1922, oder in den beiden gleich zu nennenden Arbeiten nachlesen kann, gehe ich hier nicht ein.

158 A Mysterious South Arabian Coin-Legend in Numismatic Chronicle, VI. Series, VIII, 39—42. Ich danke Herrn *Walker* auch hier für die liebenswürdige Überlassung eines Sonderdruckes.

159 *P. Boneschi,* L'inscription Lihyanite d'anciennes monnaies tenues pour Sabéennes. Estratto dalla Rivista degli studi Orientali, XXVI, Roma 1951, dem ich ebenfalls für den Sonderdruck danke.

160 Im ältesten spätlih Duktus, y kursiv, r auf dem Rücken liegend.

Bildende Kunst

Zunächst sind zwei Werke auszuschließen, nämlich eine Prozession von Straußen zwischen geometrisch gemusterten Bändern auf einem verbauten und natürlich verkleinerten Stein, sowie eine ähnliche von Steinböcken in 2 Reihen auf einem Säulenfragment, JS pl. XIX 1.2; denn sie sind minäisch. Das freilich künstlerisch höher stehende Vorbild der zweiten steht nämlich in Maᶜīn [161], und die erste ist jener stilistisch so verwandt, daß sie den gleichen Ursprung haben muß.

Rundplastik aus el-Hereibeh:

1. Bruchstück einer Statue mit ägyptischer Haartracht, ca. 30 cm hoch, Euting, 240.

2. Ein Paar Schienbeine von einer doppelt-lebensgroßen Statue, mit Ansätzen von Sandalen, auf Standplatte, ebenda.

3. Ein Paar Schienbeine von einer kleineren Statue, auf Standplatte, ebenda.

4./5. Die beiden überlebensgroßen Statuen, JS II, 59 ff., pl. XXVIII bis XXXI. Zu einer der beiden gehört 2.

6. Zwei Teile einer Statue: a) Brust mit Schultern, b) Unterkörper bis über die Knie, JS II 61, pl. XXXI (b). Zum Sockel a, s. oben S. 17, also zu No 20 gehörig. In der Bearbeitung mehr einem Hochrelief als einer Rundplastik ähnelnd (JS).

7. Unterkörper einer Statue auf Standplatte. Von JS im Regierungsgebäude in Damaskus photographiert, pl. XXXII, wo als Herkunftsort der Ḥaurān angegeben wurde. JS II 61, vermuten aber, daß er aus Hereibeh komme, um so mehr, als sie sich zu erinnern glauben, das Stück früher bei türkischen Offizieren in Ōla gesehen zu haben.

Ein Teil dieser Funde steht jetzt im Museum [162] zu Istanbul und ist dort irrtümlich als aus Medāin Ṣāliḥ/el-Higr stammend bezeichnet, nämlich 4./5. und 6. „in auffallend flacher Plastik“ (Bittel). Außerdem 4 Männerköpfe [163], die nicht zu den Statuen gehören. Material roter und rötlich-violetter Sandstein. — Aber auch 7. muß sich in Istanbul befinden.

[161] *Mohammed Tawfik,* Les monuments de Maᶜīn, Le Caire 1951, 21.

[162] Ich verdanke die folgenden Angaben der Liebenswürdigkeit von Herrn *Prof. Dr. Bittel,* durch dessen Vermittlung ich auch Photos von einem der Köpfe erhalten habe.

[163] Einer davon kann mit dem *Doughty* (I, 160) zum Kauf angebotenen identisch sein: a man's head, cut in sandstone; upon the crown was made a low pointed bonnet.

Abb. 3: Männerkopf aus Dedan

Abb. 4: Löwe neben einem Grabe

Die Riesenstatuen:

4. Beine unter den Knien fehlen. Rechter Arm und linke Hand mit Vorderarm bereits 1909 abgehauen, untere Gesichtspartie mit einem Hammer zerschlagen, 1910 der Kopf vom Rumpf getrennt. — Brust nackt, Unterkörper mit einem vorn links zurückgeschlagenen Lendentuch bekleidet, dessen oberer Ansatz nicht angedeutet ist. Zusammengehalten durch eine doppelte Schnur, die, über der linken Hüfte verknotet, nach unten hängt. — Kopf, rundlich und bartlos, die Höhe der Wangen durch eine halbmondförmige Erhebung angegeben. — Haare ungeteilt in einem Schopf nach hinten fallend, von einem Band zusammengehalten, von dem zwei Enden auf den Nacken fallen. Armring. Höhe: 2,62 m[164].

5. Rumpf in den gleichen Maßen und von dem gleichen Bildhauer herrührend wie 4. Rücken nur bis zur Taille bearbeitet, wie auch für 4. anzunehmen. Die beiden Statuen standen also an einer Wand ebenso wie die auf der Nordseite, s. oben S. 17.

R. Dussaud's, A. W. Lawrence's und S. R. K. Glanville's Urteile[165] über die Standbilder stimmen dahin überein, daß sie einen ägyptischen Einfluß aus ptolemäischer Zeit vermuten. D. und L. beschränken ihn auf die Behandlung von Schultern, Brust und Haar, während G. weiter geht und in dem Bildhauer den Schüler eines Ägypters sieht, der Porträtstatuen in einheimischem [äg.] Stil für die Ptolemäer meißelte. — Man darf aber die beiden Werke nicht isoliert betrachten; der syro-nabatäische Einfluß hat sich nicht nur in der Sprache und der Religion, sondern auch in der Kunst geltend gemacht wie No 11 zeigt. Stammt 7. wirklich aus dem Ḥaurān, wogegen allerdings das Material spricht[166], so stehen auch die beiden Standbilder in einer syrischen Tradition; denn der Unterkörper ist in 7. ebenso behandelt wie bei ihnen. Selbst die auffällige Wiedergabe der Knie (auch in 6.) kehrt dort nach JS wieder, wenn sie auch auf dem Photo nicht zu erkennen ist. Der unbezweifelbare ägyptische Einfluß kann sich schon in der Heimat der Lihyan geltend gemacht haben, vgl. die völlig ägyptisierende 1. Statue, oder

[164] Sie ist in einer Zeichnung an der Felswand el-Hereibeh, nachgebildet. JS II pl. CXXXII schlecht wiedergegeben. *Doughty* I, 110: The ancient Arabian wears a close tunic to knee, upon his head a coif.

[165] Gesammelt von *W. W. Tarn,* Ptolemy II and Arabia, The Journal of Egyptian Archeology, XV, London 1929, 18 f., die der Herren L. und G. stammen aus Briefen an den Autor.

[166] Leider fehlt in JS' Notiz die Angabe der Farbe. Ist sie weißlich, dann gehört der Torso zu No 11. — Grauer und weißlicher Sandstein bei el-ʿOla ist ausdrücklich von *Huber,* 403 f., erwähnt.

auch bei den syrischen Vorbildern; denn Dussaud ist zu seinem Urteil durch Standbilder gekommen, die in Syrien gefunden worden sind, Syria I, 167.

Die beiden Riesenstatuen dürften aus der Glanzzeit des ersten lihyanischen Reiches, d. h. dem Anfang des ersten Jahrhunderts v. Chr. herrühren. Vielleicht stellen sie die beiden Könige von No 22 in kultischer Tracht dar.

Relief

Die Abbildung stellt einen Löwen des Paares dar, das in Nischen rechts und links über dem Eingang eines Stollengrabes der minäischen Nekropole A steht. Sie ist insofern irreführend, als die Leiter von JS zu niedrig war, um das Bild aus entsprechender Höhe — 4 m — aufzunehmen. Höhe: 0,90 m. Kopf und Klauen stark hervorragend. Das Maul mit den Zahnreihen und der heraushängenden Zunge ist offenbar dem oben S. 20 erwähnten Löwenkopf, JS pl. XXXVI, nachgebildet, das Löwenpaar also wohl minäisch. — Das zweite Löwenpaar über einem benachbarten Grabe ist eine schlechte Nachahmung des ersten, und zwar aus spätlihyanischer Zeit; denn es stellt die Symbole des Salmān abū-īlāf von No 72 dar, als welche auch das erste Paar von den Lihyan betrachtet worden sein muß.

Welche unter den verbauten Steinen, auf denen Schlangen, Leoparden(?)[167] und anderes abgebildet sind[168], den Minäern angehören, welche den Lihyan, ist nicht zu entscheiden, ausgenommen die Darstellung eines Göttersymboles, die selbstverständlich minäisch ist.

An der Felswand el-Hereibeh befindet sich eine Nische mit dem Relief einer Stele darin; sie könnte von den Nabatäern herrühren, s. oben S. 13.

Die Relief-Inschriften auf den Tafeln sind durch breite Bänder in Zeilen geteilt und am Rande durch schmale begrenzt. Als ein Kunstwerk kann nur No 11 betrachtet werden. Schaut man aber auf die Schrift, so zeichnet sich unter den dedanischen No 1, unter den frühlihyanischen No 23 und unter den spätlihyanischen das Bruchstück JS 323 aus. Von den Graffiti ist JS 214 in einem eleganten Duktus geschrieben.

Keramik

Die Notizen und Abbildungen bei Doughty und Euting, 233, 240, M, Taf. XII, sind so dürftig, daß es sich nicht lohnt, sie wiederzugeben, mit einer Ausnahme: Reste von Gefäßen aus rot gestreiftem Sandstein (Euting); denn solche werden in der Inschrift No 22 erwähnt.

[167] Das Raubtier auf der Felswand el-Hereibeh, JS II, pl. CXXXIII, dürfte einen nicht erhaltenen oder gefundenen Stein nachahmen.

[168] *Euting*, 220; JS II, 46 f.

Felszeichnungen

Die Felszeichnungen sind keinem bestimmten Volke zuzuordnen, sondern Erzeugnisse der Hirtenkultur. Sie beginnen wie die frühnordarabischen Graffiti, s. oben S. 21, um 160 v. Chr. und sind mit diesen nach Osten und später nach Süden gewandert. Sie haben ihr Vorbild in prähistorischen Zeichnungen, wie sie vornehmlich in den Basaltkuppen des Ṭubeiq, nordöstlich Tebūk, gefunden worden sind[169], hängen aber z. T. von der städtischen Kunst, bei uns von der nordminäischen, ab, z. B. die oben S. 19 erwähnte Zeichnung der Kamele in zwei Reihen.

[169] *Douglas Carruthers,* Arabian Adventure, London 1935, 67: palaeolithic and neolithic; *H. Rhotert,* Transjordanien, Stuttgart 1938.

Sprache

Orthographie

In der Behandlung von Diphthongen im Inlaut schwankt das Dedanische zwischen plene- (d. h. südar) und defektiver Schreibung, z. B. No 5: qain - q y n, JS 104, 160: Šai^c - š y^c [170], aber JS 149: š^c, 157: Šaim - š m. Das Lihyanische geht von der plene- früh zur defektiven Schreibung über. No 12.2: tarqaihā - t r q h, No 19.3.7: haudaqat - h d q t, farḍaihā - f r ḍ h. Doch kommt in diesem Worte plene-Schreibung noch später vor, No 30. 4—5, 62.5. — Der Name Zaid wird schon No 9.4—5 defektiv geschrieben. Aus erscheint (wie im Ded, JS 104) in einem unter zwölf Fällen plene; auch in diesem (JS 292) ist wohl Aus, nicht Uwais zu lesen, weil es sich um einen Juden handelt; ^c w ṣ nach dem Ar ^cAuṣ, ebenso d w s Daus; ^c w f (ded-lih) ^cAuf. — Die defektive Schreibung hat selbstverständlich nichts mit der Aussprache zu tun. Sie erklärt sich aus der auch in anderen Erscheinungen sichtbar werdenden Neigung, Mühe, und bei den Inschriften, Platz zu sparen. Lange Vokale werden nur im Auslaut geschrieben, ā — und das ist nur dem Lihyanischen eigen — mit ah [171], z. B. mā — m h, iḏā — ' ḏ h usw. Ausnahmen: Ḏū, ḏū defektiv nach dem Südar; ebenso hā als Pronominal-Suffix, Artikel und Anrufspartikel, nach der Regel, daß man es vermeidet, zwei gleiche Buchstaben nebeneinander zu setzen. Aber auch das Pronominal-Suffix nā.

Worttrenner

In den ded Inschriften und Graffiti, soweit die letzteren überhaupt Trenner verwenden, wird bin „Sohn des" nicht von dem folgenden Namen getrennt, so auch z. T. in den ded-lih Graffiti. In den lih Inschriften steht in diesem Falle immer der Trenner. — Im Ded wird einmal ein satzförmiger theophorer Name getrennt, JS 157, und das kehrt im Spätlih wieder, No 87.5. In den Graffiti No 51, 101 wird der Trenner zwischen die im Genitiv-Verhältnis zu einander stehenden Teile theophorer Namen gesetzt, auch in der Inschrift 62.

Einsilbige Worte werden stets mit dem folgenden zusammen geschrieben [172]; treffen zwei zusammen, so diese nach südar Muster, wobei das zweite

[170] An šaiyi' ist hier nicht zu denken.

[171] Gelegentlich erscheint h auch im Inlaut als mater lectionis, so in der Gemme der Taima-Schrift, s. oben S. 21, und in dem „tham" Fremdwort ḏān, No 46.2.

[172] No 71.5 ma'.

Wort natürlich seinen Vokal verliert, also: wa-li = wal, wa-bi = wab, No 67, 74.2, 82.6, 112.7, 56.3.

Etliche Inschriften setzen am Zeilenende, wenn dieses mit dem Wortschluß zusammenfällt, einen Trenner, andere nicht.

Lautstand

Über die Lautwerte der Konsonanten läßt sich wenig feststellen.

g In dem min Graffito, JS 364, um 100 A. D., steht Z. 2 Ende der Familienname Y ṯ mat. Z. 3 wird dieser in spätlih Schrift mit G s mat wiedergegeben (ṯ geht im späteren Südar bekanntlich in s über). Man wird demnach spätnordmin y als ǧ und spätlih entsprechend als gj, ǧ anzusetzen haben.

ẓ wird in dem einzigen Beleg, JS 95, durch ṭ mit Punkt wie im Ar wiedergegeben, hat also wohl dieselbe Aussprache.

Lautwandel und Lautwechsel

Im Ded liegen Beispiele von Emphatisierung vor: (ᶜAbd-)Wāṣiq<Wāsiq, vgl. ded-lih Wasaq-Il, spätlih Wasaqat, Ṣiqā[173]<Siqā, ᶜAṣqar<ᶜAsqar.

Im Lihyanischen werden assimiliert:

n folgendem b, t, ṯ, ṣ, m:	Natabbaᶜl<Natan-Baᶜl, neben diesem, ṯittain <ṯintain, aṯṯat<anṯat, aṣṣaf<anṣaf[174], ᶜamman <ᶜan man, neben min mā
l folgendem b:	Baᶜssamīn<Baᶜl-samīn
ṯ folgendem t:	ṯalāt(t)<ṯalāṯ(a)t

dissimiliert:

ṯ in Nähe eines 2. zu t:	matlūt<maṯlūṯ, ṯalāt<ṯalāṯ, neben ṯalāṯīn
ṣ vor n zu z:	maznaᶜ<maṣnaᶜ
ʾ nach ʾ mit Ersatzdehnung:	āḏai<aʾḏai, īlāf<iʾlāf, āfāʾ<aʾfāʾ

elidiert:

d nach b:	ᶜAbmanāt<ᶜAbd-Manāt, neben diesem
q nach d:	ṣid<ṣidq

[173] Ṣ q w. Ich möchte w hier als mater lectionis für ā am Schluß auffassen wie in der südar Form ʾ q t l w = aqtilā.

[174] Falls die Lesung No 22.2 zutrifft. anṣaf gehört zu ar niṣf „Hälfte" und nasafa „brechen", die erst im Ar dissimiliert sein dürften.

wechseln:

f mit ṯ:	Rubaf<Rubaṯ, (Ilāh-)laṯaᶜ<lafaᶜ, (Raᶜn-)laṯaᶜ <lafaᶜ
r mit l:	Ḥimrāg<Ḥimlāg
l mit m:	buralā<buramā
' mit w:	āfaqū<wāfaqū

aufgegeben:

' in:	yarai wie in ar yarà

Zur Formenlehre

Ehe wir in die Formenlehre eintreten, ist die Frage zu beantworten: besitzt das Lihyanische die Desinentialflexion? Wir müssen uns dabei hüten, an die arabische zu denken; denn diese hängt, z. B. was die Scheidung von Diptota und Triptota beim Nomen betrifft, mit der Nunation zusammen. Eine Nunation aber hat das Lihyanische sicher nicht gehabt, weil sie, sei es analog der südar/nordmin Mimation oder der nabatäischen „Nunation“ [175], im Schriftbild erscheinen müßte. Für Existenz von Kasusvokalen beim Nomen spricht vielleicht die Form aḫūhum (No 76.3 gegen die Regel der Orthographie plene geschrieben), weil sie kein Relikt darzustellen braucht wie im Aram; d. h. in der Verbindung mit Pronominalsuffixen und damit überhaupt wohl im status constructus. Auch die Pausalformen illuh und ğilluh, No 86.6, setzen das voraus. Bei zusammengesetzten Namen gilt die Annahme freilich nur zum Teil; denn aus *ᶜAbdu-Manāt kann natürlich nicht ᶜAbmanāt werden. Wie es damit im freien Auslaut steht, ist kaum zu entscheiden. Die ḥāl-Akkusative (?) fordern eigentlich einen Akkusativ-Vokal. Nomina von Wurzeln tertiae w und y wie ḏakau und bānī können selbstverständlich keinen Kasus-Vokal erhalten; allenfalls das letztere im Akkusativ.

Für das Verbum gilt Ähnliches. Die Form maṣṣahunna [176], No 60.2, kann nicht anders lauten; analog ist auch maṣṣa anzusetzen. Ob man die Analogie auf die starken Verben ausdehnen darf, ist zweifelhaft. Im Perfekt müssen die 1. und 2. Pers. masc. und fem. durch Flexionsvokale unterschieden

[175] In Anführungsstrichen; denn ob das den ar Eigennamen in der nab und anderen aram Schriftsprachen angehängte w einen Nasal oder aber etwas anderes ausdrückte, ist fraglich; sicher, trotz *Cantineau*, daß der Laut an dem ar Substrat hing.

[176] Ich halte das davorstehende aiyadunna für ein Versehen des Schreibers.

worden sein, im Imperfekt die entsprechenden Formen, um sie von denen des Apocopatus zu unterscheiden. Die Verba tertiae y (tertiae w fehlen) haben natürlich keinen weiteren Vokal in der 3. Pers. masc. sing. Perf. Anders wohl im Passiv.

Pronomen

Personalpronomen und Pronominalsuffixe kommen in den Inschriften nur in der 3. Person vor, in den Graffiti auch in der ersten. In Übereinstimmung mit den betreffenden Formen des Nomens lautet das Pronominalsuffix im Dual humai. Statt hum begegnet einmal mū, No 70.5, spätlih[177].

Die 3 demonstrativen Elemente, ḏū, ḏā, hā verteilen sich im Sprachgebrauch folgendermaßen: ḏū selbständig für Personen, ḏā selbständig für Sachen, hā ... ḏā, fem. hā ... ḏāt attributiv für Sachen. — Das substantivierte Ḏū ist wohl wie das südar[178] und ar flektiert worden; ich habe es in der Umschrift nur aus praktischen Gründen stets im Nominativ belassen. — Für hā ... ḏā kommt No 17.1 han/hān ... ḏā vor; No 46.2 das aus dem „Tham" übernommene ḏān.

Als Relativpronomina dienen ḏū sowie man und mā. No 30.2.3, 32.1 liegt eine Überfüllung vor: hā ... hāḏā ḏū; hā ... hāḏā sollte genügen. Endlich taucht No 92 das ar allatī[179], aber mit Stimmeinsatz, auf.

Pron. pers.

	Sing.	Dual	Plur.
1. Pers.	ana, JS 283.1, No 56.3, 57.2		
3. Pers. masc.			hum, No 76.3

Pron. pers. suffixa

1. Pers.			nā, No 42
3. Pers. masc.	hu, passim	humai, No 82.3	hum, passim
3. Pers. fem.	hā, passim		hunna, No 66.1.2

177 Etwa gleichzeitig — „tham" 3 — kommt dieselbe Form JS tam. 58 vor.
178 Der Genitiv geschrieben JS min. 26.2.
179 allati?

Pron. demonstrativa

selbständig	Personen		d̠ū, JS 169, 265, 284, 367, No 102, 103, 104
selbständig	Sachen		d̠ā, No 31.7, 49, 82.9, 101
attributiv	Sachen	masc.	hā ... d̠ā, No 23.3, 45.2—3, 63.3, 65.4, 68.2, 74.2, 76.2—3, 77.4—5
		fem.	hā ... d̠āt, No 35.4, 67.2—3, 96.2

Pron. relativa

selbständig	Personen	d̠ū, No 90.7, 98.8
attributiv	Sachen	d̠ū, No [30.3], 32.2
selbständig	Personen	man, No 96.6. Verallgemeinernd: No 43.2, 63.3
selbständig	Sachen	mā, No 82.2.

Verbalsystem

Das lih Verbalsystem weicht in 2 Punkten vom Ar ab, in denen es mit dem Südar zusammengeht. Es teilt mit dem Sab, Ded und älteren „Tham" die Form haf^{c}al und mit dem Südar überhaupt die Behandlung der Verba tertiae y (tertiae w fehlen zufällig)[180] als starke. Allerdings wird das haf^{c}al allmählich durch af^{c}al verdrängt; im Spätlih haben sich nur 2 haf^{c}al-Formen erhalten, die der kultischen Sphäre angehören: hamta^{c}at und ha'raḫat. Wenn wir von dem fraglichen aṣṣaf, No 22.2, und dem von einem Fremden stammenden aḥram, No 12, absehen, so erscheinen die ersten af^{c}al-Bildungen zu Beginn der nabatäischen Besetzung, No 62, 69.1, sowie in den oben S. 51 (Anm.) erwähnten spätnordminäischen Graffiti, JS min. 145.3, 166.6.

Da im Lihyanischen jede Spur von Sandhi-Erscheinungen fehlt, sind die Perfekte der Stämme VII, VIII, X als naqatal usw. oder mit silbischem n anzusetzen. VIII von qaṭṭa lautet taqaṭṭa mit Metathesis.

Der nur 87.2 erhaltene Dual des Perfekts lautet ai. Bei den Verba tertiae y wird der Dual durch den Plural vertreten, da er aus lautlichen Gründen nicht gebildet oder differenziert werden konnte, No 82.2.

Ob es beim Imperfekt in der ersten Silbe andere Vokale gegeben hat als im Ar, ist nicht zu ersehen.

[180] Der Name Warau-Il ist dem Südar entlehnt.

No 29, 42, 52 scheinen Imperative vorzuliegen: Šimat! hanir! ^{c}arrir!; aber sicher ist das nicht. Auch die alte Imperativ-Infinitiv-Form fa^{c}āli ist, freilich nur in Namen, erhalten, wird aber merkwürdigerweise mit langem i geschrieben: Bahānī, fem. Danach sind auch die Beinamen der Könige: Manā^{c}ī und Samāwī als solche Bildungen aufzufassen (und analog oben Šimat).

Verbalformen

	Perfekt	Imperf. Ind.	Imperf. Apocop.
	I.		
masc. 3. sing.	nad̲ar	yaq^{c}udu	yazlim
masc. 3. sing.	sami^{c}		
fem. 3. sing.	nad̲arat, No 73, 2.4—5		
fem. 3. sing.	šahidat		
	II.		
masc. 3. sing.	ḫaffar		
	IV. a		
masc. 3. sing.	hamta^{c}		
fem. 3. sing.	hamta^{c}at, No 78		
	IV. b		
masc. 3. sing.	ašhad		
	VII.		
masc. 3. sing.	n katab		
	VIII.		
masc. 3. sing.	^{c} tašal		
	X.		
masc. 3. sing.	s tabahal		
	quadrilitteralis I.		
masc. 3. sing.	ramram		

	Perfekt	Imperf. Ind.	Imperf. Apocop.
primae '			
I. aktiv			
masc. 3. sing.	aḫaḏ		
masc. 3. plur.	aḫaḏū, No 76.2		
I. passiv			
masc. 3. sing.	uḫiḏ, No 82.3		
IV. a			
fem. 3. sing.	ha'raḫat		
IV. b			
masc. 3. sing.	āḏai		
mediae geminatae			
I. aktiv			
masc. 3. sing.	^{c}alla		
masc. 1. sing.	labibtu		
masc. 3. dual	hannai		
I. passiv			
masc. 3. sing.	ḥumma		
II. aktiv			
masc. 3. sing.	^{c}arrar		
II. passiv			
masc. 3. sing.	mukkik		
VIII.			
masc. 3. sing.	taqaṭṭa (!)		
primae w			
I. passiv			
			yū^{c}ad
III.			
masc. 3. plur.	āfaqū<wāfaqū		

	Perfekt	Imperf. Ind.	Apocop.
	IV. a		
masc. 3. sing.	haudaq		
fem. 3. sing.	haudaqat, No 19.3		
masc. 3. plur.	haudaqū, No 9.5—6		
	IV. b		
masc. 3. sing.	audaq		
	mediae w		
	I.		
masc. 3. sing.	kām		
	II.		
masc. 3. sing.	nauwam		
	mediae y		
	I.		
masc. 3. sing.	^{c}āb		
	II.		
masc. 3. sing.	aiyad	yunaiyiku, No 40	
	IV. a		
masc. 3. sing.	hafād		
	tertiae y		
	I. fa^{c}ala		
masc. 3. sing.	banai	yarai, No 90.7	
fem. 3. sing.	banat, No 90.3		
masc. 3. plur	banayū, No 26.2		
	I. fa^{c}ila		
fem. 3. sing.		tarqai . . ., No 12.2	
	I. passiv		
masc. 3. sing.	subiya		
	V.		
masc. 3. sing.	ta^{c}aṣṣai		

Nominalsystem

Der Artikel lautet hā, vor Laryngalen jedoch han (hān?)[181]. Dieses n ist nicht allein aus einem euphonischen Grunde zu erklären, vielmehr dürfte es sich um einen älteren Artikel han handeln, der aus jenem Grunde dort erhalten geblieben ist; auch dieser ist natürlich aus demonstrativen Elementen entstanden. Hā selbst hat auch demonstrative Bedeutung. — In der jüngsten lihyanischen Inschrift, No 91.5.8, kommt zweimal der ar Artikel al vor, und zwar ohne Alif geschrieben, weil er mit dem Vorhergehenden lautlich verbunden ist.

Status: aus einer älteren Periode hat sich in dem der kultischen Sphäre angehörenden Worte ṣalam „Standbild" der status determinatus: ṣalamān erhalten. In der Verbindung hā-ṣalamān, No 19.5, bedeutet also hā seinem ursprünglichen Sinne gemäß „dieses". Doch ist dieser Sinn bald in Vergessenheit geraten, wie die Konstruktion No 30.2—3, 32.1.2 verrät.

Selbstverständlich werden auch die Nomina von Wurzeln tertiae w und y stark gebildet, also ḏakau, Ṭalai gegenüber ar ḏakan, Ṭalan. Das Partizip der Verba mediae w (y zufällig nicht erhalten) lautet wie ᶜĀyiḏ[182]. Die durch die Sandhi-Erscheinungen im Arabischen notwendigen Formen faᶜlā'u und fuᶜalā'u erscheinen im Lih als faᶜlā und fuᶜalā, z. B. Gaḥmā[183] und quyamā[184]. Ob man Formen wie ᶜĀṣī und Nafī anders als durch die Betonung unterschieden hat?

Der feminine Singular endet stets (außer in den bekannten Fällen) auf at, nur bei Eigennamen taucht (ded-lih Maslamah und Ḏubaiᶜah ausgenommen) in den früh-spätlih und spätlih Inschriften die Endung ah auf. — Der Dual constructus lautet in beiden Fällen ai, daher ist er indeterminiert auch im Nominativ als ain anzusetzen. — Durch No 76.1 erhaltenes banū ... ist die Endung des äußeren Plurals masc. im Nominativ als ūn festgelegt.

Von Deminutiven (nur Namen) sind wenige sicher nachzuweisen. Die bei den Namen häufigen Bildungen auf ān müssen in einem größeren Zusammenhang analysiert werden. — Nisben, s. oben S. 53. Merkwürdig Aqsanī (zu ar qasan).

[181] Von *Winnett,* 16 f., erkannt.

[182] Bisher, auch als erstes Glied eines theophoren Namens, 'Iyāḏ gelesen. Das geht aber in diesem Falle nicht. 'Aiyiḏ hat ein so beschränktes Geltungsgebiet, daß es hier nicht in Betracht kommt.

[183] Afṣā stammt, wie südar Afṣayum und ar Afṣà beweisen, aus dem Nab, wo es gleich lautet. Dazu ist dann Afṣān gebildet worden.

[184] Zu qaiyim wie ar šuya'ā' zu šaiyi'.

Nominalformen

	Singular	Dual indet.	Dual constr.	Plural äußerer	Plural innerer
fa^{c}l	^{c}abd		^{c}abdai		alḥān
	rabb				arbāb
	yaum				aiyām
	bait				
			ḥaqwai		
	ra'y				
fi^{c}l	^{c}ird				
	gill				
fu^{c}l [185]	Nu^{c}m				
fa^{c}il	malik		malikai		Anmār
fa^{c}al	ṣalam				
	sanau				
	Fatai, ded				
fi^{c}al	ḥiwal, ded				
fu^{c}al	Ṯu^{c}al				
fa^{c}lat	mar'at				
	farḏat (nomen vicis)				
	Ḥaiyat				
fi^{c}lat	šī^{c}at				
	nīyat				
fu^{c}lat	Ḥurrat				ḥumam
fa^{c}ilat	ḫabirat				
fa^{c}alat	qārat			šāmāt	
fi^{c}āl	ritāg [186]				rutug
	Īlāf				
fu^{c}āl	gulām				
fa^{c}āla	ḫalāqat				
fa^{c}īl	kabīr		kabīrai		
	^{c}Awīḏ				
					quyamā
	Nafī				
fa^{c}īlat	Nafīya			ḫaṭī'āt	

[185] k l l, das im Lih kull vertritt, ist als Pl. zu betrachten: kilāl/kulūl.
[186] Es sei denn, daß No 22.4 Plural zu lesen sei.

	Singular	Dual		Plural	
		indet.	constr.	äußerer	innerer
	Qaiyimat				
faᶜūl	Lagūg				
faᶜᶜāl	naḥḥās				
faᶜᶜīl				qaddīsāt	
fāᶜil	ṣāniᶜ				wurraṯ [187]
					ḥuggag [187]
	ᶜĀyiḏ				
	ᶜĀṣī				
fāᶜilat	dāffat				
mafᶜūl	maqtūl				
mafᶜal	maṯbar [188]	maṯbarain			manāhil
	makān				
mafᶜalat	mamarrat				
mafᶜil	mauṯib				
mifᶜāl	miḥwār [189]				
mufaᶜᶜil	Muḥannin				
mufaᶜᶜal	muqaddar				
mufᶜil	Mulimm				
	Munīr				
mufᶜal	mūma'				
afᶜal	asfal			aṣdaqīn, acc.	
	aᶜlai				ᶜulai, fem
fuᶜlà	ᶜUzzai				
afᶜal	amlag		asfaᶜain		zukr
faᶜlā	Gahmā				
	Šammā				
	ᶜAiṭā				
faᶜlān	ᶜAbdān				
faᶜlā [190]	ᶜAbdā				
fuᶜlān	Nuᶜmān (?)				

[187] oder wurrāṯ, ḥuggāg.
[188] so nach maqbar; es sind natürlich auch andere Vokalisierungen möglich.
[189] kaum miḥwar, es sei denn, daß miḥwar „Achse" noch nicht existiert hätte.
[190] also nicht faᶜlà wie im Ar.

fuᶜail	ᶜUlaim	
fuᶜailat	Mulailat	gahābil
	sanat	s·nīn, gen.

Zahlwort

	Masc.	Fem.
1	aḥad[191], JS 271.2	iḥdai, No 26.4
2		ṯittain, No 74.3
3	ṯalāt[192], No 91.9	ṯalāt(t), No 80.4
5	ḫams, No 72.5, 77.8	
9	tis[ᶜ], No 29.2	
10	ᶜašr, No 86.3	ᶜašarat, No 69.1
20	ᶜišrīn[193], No 80.3	
22		ᶜišrīn wa-ṯittain, No 82.11
29	ᶜišrīn wa-tisᶜ, No 30.6, 85.4, 86.2—3	
35	ṯalāṯīn wa-ḫams, No 32.4—5	
40	arbaᶜīn, No 69.2, 81.3	
120	mi'at wa-ᶜišrūn, No 82.5	
140	mi'at wa-arbaᶜīn, No 33.2	

Die Stellung der Einer und Zehner von der dritten Dekade ab ist von der im klassischen Arabisch verschieden. Die Kongruenz mit dem Gezählten und die Konstruktion ist die gleiche wie im Arabischen. Eine scheinbare Ausnahme bildet ᶜašr aiyām No 86.3: Dekade, etwa 10 Tage. Sehr auffällig No 90.1: arbaᶜū ᶜabd „40 Knechte"; Zeichen des Verfalls oder (falls statt arbāᶜtū 4 stehend) des äthiopischen Einflusses!

Präpositionen

bi — in (örtlich): No 23.3, 39.4, 64.2, 70.3, 72.3, 82.4.6.7, 84.3, 91.5, M 11.
in (zeitlich): No 55, 82.11
durch, mit (instrumental) — wegen, infolge, um ... willen (kausal): No 7, 84.3, 90.2 (36 und die dort genannten Stellen?) — 71.3, 82.9, 86.4, 87.2. — In der Formel bi-ra'y ... „unter der

[191] Eigenname?
[192] No 81.2 : talāt wohl eine Dialektform
[193] Die Zehner stehen im Gen., außer in No 82.5. No 33.2 fraglich.

	Regierung des“, eigentlich: „mit dem Ratschluß des“: No 26.4, 29.3, 30.7, 33.5, 55, 77.8, 75.5 (?), M 70.3.
	für (pretii): No 1, ded, 69.2, 81.3
	um (distributiv): No 65.2
ba^{c}d	nach (zeitlich, nach dem Tode jem.): No 73.2
taḥt	unter (örtlich): No 70.4
ḫalf	nach (zeitlich): No 86.4
^{c}ad	bis (örtlich): No 3.3, ded
^{c}alai	auf, über (örtlich — auch in übertragenem Sinne): JS 182.3, No 17.4.5, 54.2, 85.3 — 73.5
	gegen (in feindlichem Sinne): No 82.3
	ersetzt ar ilà: No 86.4.5
^{c}an	weg von, im Auftrag von: No 63.3, 103 (?)
fī	aus dem „Tham“ entlehnt, in (auch in übertragenem Sinne): No 41, 56.1. Defektiv geschrieben
qabl	vor (zeitlich): No 80.4
li	für, bzw. den Dativ vertretend: No 9.8, 11.2, 13.3, 14.2, 18.3, 19.5, 23.2, 26.2, 29.1, 42, 62.3, 70.3, 71.3, 73.4, 82.4.6, 85.2, 87.7
	besitzanzeigend: No 17.1, 36, 45.1, 54.1, 58, 67.1.3, 74.2
	wegen: No 12.3, 16.4, 112.5
	an Stelle von: No 82.6
	auctoris: No 5 und die dort angegebenen Stellen (?), 79.3
	zur Zeitangabe: No 72.6, 74.3, 91.7
ladai	bei, im Falle von: No 82.3
lam	aus „Tham“ 1 übernommen, für: No 44.2—3
ma^{c}	zusammen mit: 71.5, 87.3
min	von (partitiv): No 66 (?)
	von, aus (Abstand örtlich): No 31.3, 77.5
	von seiten (auch Genitiv nach indeterminierten Substantiven vertretend): No 69.2 — 44.1, 86.5, 17.6
	ausschließend nach Verbot: No 12.2
	den Täter beim Passiv bezeichnend: No 23.3

Doppelpräpositionen

^{c}ad-kai	bis (örtlich): No 77.6, spätlih
^{c}an ^{c}alai	von auf>aus: No 69.2

Konjunktionen

fa ist gegenüber wa ebenso fein differenziert wie im Arabischen. Zur Einleitung eines Verbalsatzes nach einem „unechten“ Verbalsatze steht es No 16.4, 87.1, 90.3, 91.7; vgl. 43.2, 63.2. — No 31.6 führt es den mit lā negierten Nachsatz eines Bedingungssatzes ein, No 31.7 den mit innahu beginnenden Nachsatz eines solchen.

wa steht No 109 gleichbedeutend mit fa. No 5, 54, 57 verbindet es verschieden gebaute Sätze, deren zweiter zur Verdeutlichung der Situation dient.

Bemerkenswert, daß mā auch in der Funktion des mā 'l-maṣdarīya vorkommt.

wa	und, passim
fa	dann, da, also, ferner: No 69.2, 76.3, 90.4 und die oben genannten Stellen
iḏā	als: No 84.2, 89.2
in	wenn: No 31.5.6
mā	daß: No 12.2
bi-mā	weil: No 82.2

Sonstige Partikeln

Von Negationen ist nur lā belegt, No 31.6. inna kommt einmal mit dem Pronomen des Sachverhaltes vor, s. oben. Anrufpartikel ist hā, No 60.

Zur Syntax

Alle Inschriften, bis auf No 79, 80, 86, beginnen mit „unechten“ Verbalsätzen (Stellung: Subjekt—Prädikat), ebenso die meisten Graffiti, sofern sie nicht aus Nominalsätzen oder bloßen Namen bestehen. Ausnahmen sind hier No 42 (?), 57.1, wo sich der Sachverhalt gar nicht anders ausdrücken läßt, ferner No 40, 48, 59, 109, 110. Die Verwendung solcher Sätze liegt z. T. im Stil der Inschriften begründet — vgl. die nicht aus Dedan stammenden, also in dieser Hinsicht nicht gebundenen No 40, 59, 109, 110, andererseits gleich unten! — z. T. in der Sache. Denn in den „unechten“ Verbalsätzen liegen objektive Berichte vor, in den „echten“ (Stellung: Prädikat—Subjekt) erregende Mitteilungen. Das gilt jedoch nur für die einleitende Phrase. Die „unechten“ Verbalsätze werden nämlich oft durch „echte“ fortgesetzt. Die Anknüpfung geschieht gewöhnlich durch fa (Stellen s. oben), No 86.4 durch wa, gelegentlich asyndetisch, No 17, 50, 106.

In Nominalsätzen, deren Prädikat aus einer Präposition mit ihrem Nomen besteht, steht dieses voran; No 56 ausgenommen, ist das Nomen das logische Subjekt.

Die Kongruenz zwischen Subjekt und Prädikat in „unechten" Verbalsätzen ist normal. Das Prädikat zu einem inneren Plural, der Tiere beiderlei Geschlechtes bezeichnet, steht im Sing. masc., No 38. Wie die Kongruenz in „echten" Verbalsätzen beschaffen ist, geht aus dem Folgenden hervor:

Präd.	Subjekt
masc. Sing.	masc. Sing. Tiername; gemeint ist das Weibchen, No 109
fem. Sing.	fem. Sing. Natürliches Fem., vom Präd. getrennt[194], No 90.3
masc. Sing.	Personen-Kollektiv, No 91.7—8, 87.1.3 (?)
masc. Sing.	Totalitätswort mit Personalsuffix im Plural, No 87.6

Attribut: zwei adjektivische Attribute asyndetisch, No 90.2, zwei substantivische, No 112.4—5; Badal, No 82.4—5. — Die Kongruenz des Adjektivs mit dem Leitwort läßt sich, wenn dieses ein gebrochener Plural ist, nach dem Relativsatz No 69: manāhil . . . maṣṣahunna bestimmen, also No 85.3: rutug qaddīsāt. Das Personalsuffix einer (2.) Apposition, das sich auf ein (von der 1. im Gen. abhängiges) Personen-Kollektiv bezieht, steht im Plural masc., No 77.1—3. Auf zwei eng zusammengehörige masc. Leitworte bezüglich, steht das Personalsuffix der Apposition im Sing. masc., No 77.4—5, auf einen Mann und mehrere Frauen bezogen, im Plur. masc., No 51. — „Kilāl/kulūl" ganz, alle, folgt, mit Personalsuffix versehen, seinem (determinierten) Leitwort, No 74.2, 77.4—5, 87.6 (hier das Leitwort vertretend)[195].

Akkusativ: des inneren Objektes, No 50 (zweimal), 71.4 (virtuell)
- des Grundes, No 73.4 (Motiv), 38 (äußerer Grund)
  - doppelter nach wadai, No 31.5—6
- der Zeit, No 80, wo drei, No 86, wo zwei aufeinander folgen, sowie die übrigen Stellen, in denen nach Jahren sanat . . . datiert ist
- des Zustandes (?), No 16.2—3, 39.4
- des Ausrufes. Hierher gehört die Wunschformel, s. das nächste Kapitel!

Genitiv-Verbindung. No 112.4—5 ist der constructus durch ein eng mit ihm zusammenhängendes Wort vom Genitiv getrennt.

[194] No 92.2—3 demgegenüber sehr auffällig. Fehler?

[195] Ein substantiviertes Adjektiv, als spezifisches fem. ohne Endung No 39.4: makšūd.

Genitiv der Beschaffenheit: No 84.3.

Prädikatlose Sätze (außer den in den Graffiti): No 112.1—6. — No 82. 3—7 hängt wohl virtuell von wadayū Z. 2 ab.

Sätze im Genitiv, von sanat abhängig: No 91.6, 100.3 (?), von min: No 12.2.

Relativsätze, asyndetische mit rückweisendem Personalsuffix: No 64.3, 69.1—2, ohne ein solches: No 71.4, 85.3. An den beiden ersten Stellen ist das Leitwort indeterminiert; No 71.4 ist das Leitwort zwar determiniert, aber nomen vicis vom gleichen Stamme wie das Verbum des Relativsatzes.

Bedingungs- und verallgemeinernde Relativsätze; Tempus im Vordersatz Perf., im Nachsatz Apocop.: No 31.5—6, 43.2, 63.3 (wo ein Befehl (oder Wunsch?) vorausgeht).

Wunschsätze, Tempus Perfekt: No 63.2 (?), 82.2.

Stellung

Von der gewöhnlichen Stellung Akkusativobjekt—Dativobjekt finden sich Ausnahmen No 62.3.4 und 85.2—3, dort rhythmisch, hier durch die Länge des Satzes begründet. Ob in den Verbalsätzen No 79, 80, 86 das Subjekt oder Objekt am Ende steht, ist formell nicht zu entscheiden.

Idiomatisches

Am Ende aller (vollständigen) Weih- und Bauinschriften, jedoch vor dem Datum, soweit ein solches vorhanden, steht eine Art Gebet, die „Wunschformel". Sie ist gewöhnlich dreigliedrig und bedeutet: Leben, Glück und Nachkommenschaft für den Spender! Das erste Glied, Leben, wird durch farḏaihu[196] „zwei Kerben für ihn", d. h. zwei Lebensspannen, ausgedrückt; nur No 25.2 bietet statt dessen furḏatahu „eine Kerbe für ihn". — Diese Ausdrucksweise ist wie der Gott Hani'-Kātib der ägyptischen Religion entlehnt; denn Thot, das Vorbild des Kātib, trägt ein Kerbholz. „Thot, der Schreiber der Götter, bezeichnet an seinem Kerbholz die Millionen von Jahren, die die Himmlischen dem König schenken", heißt es in der Beschreibung eines bekannten Motivs der Tempelmalerei[197]. Die

[196] Zur Orthographie s. oben S. 60. Das Wort und sein Hintergrund sind schon in meinem Vortrag erklärt worden.

[197] *Erman-Ranke*, Ägypten, Tübingen 1923, 324.

Lihyan sind bescheidener als die ägyptischen Könige (und vielleicht tritt deshalb bei ihnen der „Diener des Schreibers“ an die Stelle des Thot). Sie wünschen sich nur zwei Lebensspannen. Wie lange ist das? Die achtzig Jahre des Psalmisten?

Auch das dritte Glied, 'ḫ r t „Nachkommenschaft“[198], stammt, wenigstens dem Worte nach, aus einer fremden Sphäre, nämlich der aramäischen[199]. Die Wunschformel reicht mithin in eine Zeit zurück, in der die Lihyan noch in unmittelbarem Verkehr mit Ägypten standen, und in der das Nabatäische noch nicht die ältere Form des Aramäischen verdrängt hatte, also mindestens bis in die erste Hälfte des 2. Jahrhunderts v. Chr.

Die Wunschformel kommt in folgenden Formen vor: farḍaihu (...hā, humai, hum) wa-saᶜdahu (...dito) wa-'ḫrtahu (...dito), No 26.3—4, 29.1—2, 72.4—5. Sie ist zu dieser Form zu ergänzen: No 11.2, 23.2, 75.4; M 70.2[200]. — Mit Vertauschung des zweiten und dritten Gliedes: No 30. 4—6, 32.3—4. Sie ist zu dieser Form zu ergänzen: No 85.3—4. — Nur das erste und zweite Glied enthalten: No 60.2, 62.5—6, 73.5—6 (Frau) und vielleicht No 9.10—11. Nur das erste und dritte Glied: No 19.6—7 (Frau), 20.5—6, nur das erste: No 14, 18, 77.7—8. Nicht immer beruhen diese Kürzungen auf Mangel an Platz.

Eine weitere Formel steht am Ende von No 26 anno 1/64 und No 32 anno 35/30 v. Chr. Sie besteht aus der Buchstabengruppe ḏ b ḫ. Das sind die Anfangsbuchstaben der drei Worte, mit denen die so oft wiederkehrende nabatäische Formel dkīr (dkīrīn) b-ṭāb[201] „es werde seiner (ihrer) im Guten gedacht“ lihyanisch wiedergegeben worden ist: ḏukir (ḏukirai) bi-ḫair. Da dieser Wunsch in No 32 dem Bildhauer und dem Schreiber gilt, ist er auch No 26 auf den Schreiber zu beziehen. Vordem hatten die Bildhauer die erste Wunschformel benutzt, No 11, 20. Die zweite ist sicher von syrischen Sklaven eingeführt worden. — In No 72 vom Ende des 1. Jahrhunderts A. D. hat ein Bildhauer sowohl die erste wie eine der zweiten ähnliche Formel angebracht: ḏ g l ḫ. Das heißt wohl ḏukir g̦ulām (li-? bi-?) ḫair „es werde eines jungen Sklaven im/zum Guten gedacht“.

198 So auch *Joüon,* Orientalia IV, 1935, S. 81 ff.; JS haben die Möglichkeit dieser Bedeutung erwogen, aber wie *Joüon* vom Nab her.

199 Nerab, 2, Z. 10 aus dem 6. Jahrhundert; Cooke, Nr. 64.

200 In No 24 und 25 ist kein Urteil möglich.

201 Der älteste inschriftliche Beleg stammt aus der Zeit zwischen 33/32—13/12 (2/1?) v. Chr., *E. Littmann,* Nabataean Inscriptions, S. 77, eine Stelle, auf die mich der Autor liebenswürdigerweise hinwies. Aber wie viele ältere sind zerstört?

Überblick

Wir übersehen nur einen schmalen Ausschnitt aus dem Lihyanischen. Aber dieser Ausschnitt reicht in eine Tiefe von über 250 Jahren. In dieser Spanne hat sich die Sprache mehrfach gewandelt: der Rest des status determinatus ist verloren gegangen, ebenso das Hafᶜal. Im letzten Stadium treten Arabismen auf: das Relativpronomen, der Artikel und ein Satz in Reimprosa, No 86.5—6. Die Verluste sind unter der Einwirkung der Dialekte der Umwelt zustande gekommen, die früher als das Lihyanische aus ihrer Isolierung herausgetreten und in aramäisches Sprachgebiet vorgedrungen sind, vor allem des Nabatäischen. Woher aber der Gewinn? Er muß von einem Volk ohne (ar) Schriftsprache stammen. War das nabatäische Frühnordarabisch im 2. Jahrhundert A. D. noch so lebendig? Soll man nicht eher an die Thamud denken, die Dedan und el-Higr von Westen her unterwandert hätten?

Es ist kein Zweifel daran möglich, daß das Lihyanische eine der Wurzeln des Arabischen ist, d. h. der städtischen Sprache Westarabiens und vielleicht auch Ḥīrah's. Nur mittelbar der Sprache der arabischen Dichtung; denn diese hat sich von Stamm zu Stamm erweitert. Beide setzen die Beduinisierung Arabiens voraus, deren Schwelle wir uns in der letzten lihyanischen Inschrift nähern[202].

Inschriften

in der oben, S. 22ff, angegebenen Reihenfolge. Falls der Fundort nicht genannt wird, ist der Stein verbaut. Der Trenner wird nur vermerkt, wenn er nicht wie gewöhnlich aus einem Strich, sondern aus zwei Keilen besteht. Im Text stets mit : wiedergegeben. Bei den Maßen steht die Breite voran. — Die Zahlen, die ab No 66 unter „Schrift:“ stehen, z. B. „Kursives ṣ 1“, beziehen sich auf die entsprechenden Kolumnen der Schrifttafel, S. 33 f.

[202] Vgl. *Caskel*, Zur Beduinisierung Arabiens, ZDMG Bd. 103, *28—*36.

Dedanische Inschriften und Graffiti

Grabinschriften

1

JS 138 (Abklatsch und Kopien).
Fundort: Block am Fuße der westlichen Felswand.

كهف : كبرال : بن متعال : ملك : ددن : وثرو : نعم : به : نعرجد

„Die Gruft des Kabur-Il b. Mata^{c}-Il, des Königs von Dedan und Ṯirau. Na^{c}r-gadd hat für sie Gunst erfahren (Lohn für ihren Bau erhalten).“
Zu Ṯirau, vgl. Yāqūt I 920 u. Lit.: Grimme, 281.

2

JS 130 (Kopie).
Fundort: Westliche Felswand.
Schrift: statt f steht fälschlich ^{c}.

كهف : يثعامر

„Die Gruft des Yiṯa^{c}-amar.“

Lit.: Grimme, 281.

Vertrag

3—4

JS 186 = M 71, 187 (Kopien).
Fundort: Felsblock östlich km 975 (so l. statt 970 bei JS).
Beschaffenheit: Beide Inschriften in Kartuschen, 4 unter 3. — 3 Z. 1 Ende sind ein oder mehrere Buchstaben verwischt, Z. 2 Ende steht ein siegelartiger Kreis. — No 4 sind am Anfang 3 Buchstaben verwischt.
Schrift: 4 Bustrophedon. — Trenner nur in 3, Z. 1—2.

3

1 متعال : بن ذرحال 2 هنعم : حول [ـه]

3 عد ارك نتندد

„Mata^{c}-Il b. Ḏaraḥ-Il hat für [seinen] Transport nach Uruk—Natan-Dād Gunst (Lohn) ausgesetzt.“

4

1 [عبد] شبيب ارش 2 حول متعال

„ᶜAbd-Šabīb hat den Transport des Mataᶜ-Il in Tausch gegeben (gegen Lohn übernommen)."

No 3, Z. 2: Die Ergänzung ergibt sich aus No 4. Dahinter hat wohl nichts mehr gestanden; denn für Šabīb (Kurzform von ᶜAbd-Šabīb) ist kaum Platz. — Ich lese Uruk, weil dieser Name älter zu sein scheint als Arīk. Es gab mehrere Orte des Namens; daher der Zusatz. — No 4, Z. 1: Es ist nach JS 206 min. ᶜAbd zu ergänzen.
Lit.: Grimme, 284.

Gedenkinschriften

5

JS 128 (Kopien).
Fundort: westliche Felswand.

لعذرال : وسفره : ملطس : قينه

„Von ᶜAḏar-Il, und zwar hat es Milṭas, sein Handwerker/Sklave geschrieben."

Es ist zweifelhaft, ob li in dieser und den sonst nur einen Namen enthaltenden Graffiti JS 157, 161, 162, 175, 229 bis, M 69.1.2, den Namensträger als Besitzer etwa eines am Fuß des Berges liegenden Grab- oder sonstigen Geländes (so Grimme) oder, wie häufig im „Tham", als Urheber der Inschrift bezeichnet. — Winnett faßt milṭas/milṭās als Gegenstandswort: Spitzhacke auf.
Lit.: Grimme, 283, Winnett, 12.

6

JS 147 (Kopie).
Fundort: westliche Felswand.
Schrift: von oben nach unten, aber wohl umgekehrt zu lesen.

2 بعيث 1 تقط

„Baᶜīṯ hat sich (seinen Namen) eingeschnitten."

Gleichlautende Inschriften reichen von der ded bis zur frühlih Zeit, JS 103, 119, 149, 182, 185, 339, No 55, JS tam. 251. a, 539. — JS 182 fügt am Ende hinzu: ᶜalai qārat „auf einem Felsen". No 55, s. unten. JS tam. 539

schiebt zwischen Namen und Verb ein „tham“ ḏ „hier“ (ergänze b) ein.
Lit.: Grimme, 277; Winnett, 12 f.; Winnett, M, 300.

7

JS 106 (Kopie und Photo, pl. X 1, ganz oben).
Fundort: an der mit Zeichnungen und wusūm bedeckten Felsnase.
Schrift: rechtsläufig.

بيد وت

„Durch die Hand Watt's.“

Vielleicht ist bi-yad einfach eine Präposition wie im Aram: durch. — Watt<Watid; vgl. die ar Dialektform watd.

8

JS 122 (Kopie).
Fundort: westliche Felswand.

طد نم

„Ṭaud hat (hier) geschlafen“ oder „Ṭaud (b.) Naum.“
Für die erste Auffassung kann man auf No 99 verweisen.

Frühlihyanische Inschriften

9

Weihinschrift

JS 49 (Abklatsch). S. Bild nach S. 24.
Fundort: el-Hereibeh, später in el-Ōla verbaut.
Beschaffenheit: der Stein ist unten behauen, so daß von Z. 11 nur einige Buchstabenköpfe zu sehen sind. 0,91×0,32. Z. 8 ist der erste Buchstabe — m — verwischt.
Schrift: Trenner: Keile.

1 عبدود 2 افكل: و 3 د: وبنه 4 سلم: وز 5 دود: هو 6 دقو: هغ
7 ـلم: سلم: هـ 8 ـمثلت: ل 9 ـذغبت 10 فرضيهـ [ـلم: وسعد . . .

„ᶜAbd-Wadd, Priester des Wadd, sein Sohn Sālim/Salm und Zaid-Wadd haben den ihnen dreien gehörigen Sklaven Sālim/Salm dem Ḏū-gābat dargebracht. Zwei Lebensspannen und Glück . . . für sie.“

Vielleicht hat noch das dritte Glied der Wunschformel dagestanden.
Lit.: Lidzbarski, Ephemeris, III, 271 ff.; Grimme, 299 f.

10

M 20 (Abklatsch).
Beschaffenheit: Fragment.
Schrift: Trenner: Keile.

ملختم : ع

„Milḫatum"

11

Weihinschrift

JS 35 (Abklatsch und Photo).
Fundort: el-Hereibeh, seit 1910 im Museum in Istanbul.
Beschaffenheit: Fragment, bei dem oben mehrere und vielleicht unten eine Zeile fehlen. 0,70×0,30.
Schrift: die Schäfte des b geneigt. — Trenner: Keile.

1 علتصر : بن : عمر : هصنع 2 عبد : لمراه : فرضيه

„[Ba]ᶜltaṣar(?) b. ᶜAmr, der Bildhauer, hat (es) für seinen Herrn angefertigt. Zwei Lebensspannen ... für ihn."

Das B ist aus der vorhergehenden Zeile zu ergänzen, wie auch JS vermuten. Der Name ist entweder mit JS als ein jüngeres aramäisches Vorbild für den Namen Balthasar, mit dem die Septuaginta und Josephus bibl.-aram Belschaṣṣar wiedergeben, aufzufassen oder nach JS 328: Taṣurr als Baᶜlat-taṣurr. — ᶜabad ist aram/nab Fremdwort. — Fehlt noch eine Zeile, so böte sie gerade für die beiden anderen Glieder der Wunschformel Platz.
Lit.: Lidzbarski, Ephemeris, III, 214 ff.; Grimme, 320.

12

Bann

JS 64 (Abklatsch).
Fundort: Felsblock bei Talᶜat el-Hammadi, in dessen Oberfläche ein Grab eingehauen ist; Photo pl. XXI.
Beschaffenheit: 0,52×0,17.
Schrift: linear.

1 بعلسمن : احرم : هقرت

2 من : مه : ترقه : مرات

„Ba^{c}l-samīn hat verboten, daß eine Frau diesen Felsblock ersteige.“

Darunter von anderer Hand:

3 لبهنى : هنافكلت

„Das bezieht sich auf die Priesterin Bahānī.“

Z. 1: aḥram entspricht ar II.

Lit.: Grimme, 279 f.; Winnett, 17.

13

JS 58 = M 6 (Abklatsche).

Beschaffenheit: unten und links unvollständig. 0,42×0,23. Links fehlt über das Doppelte der jetzigen Breite.

Schrift: breitgezogen, besonders l und h. — Trenner: Keile.

1 اس : بن : حجر : . . . 2 سعد : بن : . . . 3 لهنعزى

„Aus b. Ḥugr/Ḥagar ... Sa^{c}d b ... der ^{c}Uzzai.“

Z. 1 ist der Name eines weiteren Stifters zu ergänzen, Z. 2 etwa „haben dieses Standbild dargebracht“. Z. 3: der letzte Buchstabe, von dem nur der Kopf zu sehen ist, kann kein l sein (JS, M), weil der Platz für den Bogen des breiten l nicht ausreicht, sondern ist zu einem y zu ergänzen.

14

Weihinschrift

M 17 (Abklatsch).

Beschaffenheit: auf einem oben abgebrochenen Pfeiler, vgl. die Abbildung, Deutsche Aksum-Expedition, II, 52, 101 f., und Euting, 245. Jetzt in der Universitäts- und Landesbibliothek in Straßburg. — Er besteht aus einem 22 cm breiten Zapfen, der in den natürlichen oder künstlichen Steinboden eingelassen war, einer Basis, die etwa 3 cm über den Zapfen hinausragt, sich dann auf 26 cm verkleinert und schließlich durch Abschrägung der Ecken zu einem Achteck verjüngt. Da Z. 1 und 2 auf diesem Teil stehen, sind sie schmaler als Z. 3 und 4. Jede Zeile in einer Kartusche. Der Bruch geht durch Z. 1.

Schrift: die Rauten des f und y tendieren zur Breite. — Trenner: Keile.

1 دا 2 لذ 3 غبت : ذ 4 رضيه

„[N.b.N. hat dargebracht die Pfei]ler dem Ḏū-ġābat. Zwei Lebensspannen für ihn!“

Z. 1: d’. M liest zwar db, aber da von d infolge des Bruches nur der untere und mittlere Teil zu sehen sind, ist das scheinbare b in Wirklichkeit ein ’ oder s oder k gewesen. Nach dem Gegenstand ist hier das Wort „Pfeiler“ zu erwarten. Prüft man unter diesem Gesichtspunkt die Möglichkeiten der Ergänzung von d’, ds, dk, so paßt nur rid’ „Stütze“. — Es scheint jedoch an unserer Stelle ein Plural vorzuliegen; denn in No 18 endet das Wort „Pfeiler“ mit t, stellt also einen Sing. fem. vor.

Lit.: Grimme, 303.

15

Weihinschrift

JS 57 (Abklatsch).

Beschaffenheit: oben und unten abgebrochen. 0,23 × 0,34.

Schrift: vertieft, die Buchstaben durch 2 Züge gebildet. Grotesk breite Formen. Trenner: Keil in der Mitte.

1 . . . وال 2 برا 3 ته : و 4 هقد 5 هصلـ . . .

„. . . hat Wā’il (für) seine (eius) Genesung und dieses Standbild gespendet . . .“

Z. 1: Vorher ist etwa „gedankt“ zu ergänzen. Da aber die frühlih Inschriften niemals mit einem echten Verbalsatz beginnen, muß ein „unechter“ Verbalsatz vorangehen, und zwar mit einem anderen Subjekt als Wā’il; denn wenn die Subjekte gleich sind, werden sie nicht wiederholt. Vielleicht: „N. b. Wā’il war erkrankt“ oder ähnlich. — Barā’at ist im Ar in diesem Sinne nicht gebräuchlich.

Lit.: Grimme, 302 f.

16

Grabinschrift

JS 78 (Abklatsch und Kopie).

Fundort: nördlich des „Schwarzen Brettes“, 3 m hoch.

Schrift: linear. Breites w. Die Zeilen sind nicht innegehalten, die Buchstaben von verschiedener Größe.

1 زدهنا كتب : 2 ودع : بنى : بـ 3 ـرا : همثبر : فـ 4 ـله ها :

„Zaid-Hānī'-Kātib (b.) Wādi[c] (Wadī[c]) hat die Gruft erbaut, indem er (sie) aushöhlte" oder „erbaut, ausgehöhlt. Er hat sich dabei redlich bemüht."

Da JS für ausgeschlossen halten, daß die Inschrift etwas mit einem noch höher gelegenen Stollengrabe zu tun habe, muß es sich um ein am Fuße des Berges gelegenes, später verschüttetes Senkgrab handeln.

Lit.: Grimme, 316; Winnett, 17.

17

Grabinschrift

JS 81 (Abklatsch, Kopien) = M 35 (Kopie).

Fundort: neben einem Stollengrab nördlich No 16.

Beschaffenheit: Die 3 ersten Zeilen sind durch einen sich nach links erweiternden Felsriß von den unteren getrennt, so daß von den beiden letzten Buchstaben der Z. 3 nur der obere Teil zu sehen ist. Die 3 unteren Zeilen sind links um ein bis zwei Buchstaben kürzer als die oberen, weil sie bei einer späteren Begradigung des Eingangs abgeschlagen worden sind.

Schrift: vertieft. Die Rauten von [c], w, q neigen zur Breite. Am Ende von späterer Hand: n s.

1 لنتبعل : 2 بن : ونى : هنـ 3 ـقبر : ذه : حم

4 على : يمنـ . 5 وعلى شمـ . . 6 من : ثرقر

„Dieses Grab gehört dem Natan-Ba[c]l b. Wānī. Es wurde rechts und links mit Asche von einem pechschwarzen Stier geschwärzt."

Z. 3—6: die Konstruktion ist als eine Verkürzung aus ḥumma ḥummat(a) min aufzufassen. Z. 4, 5: Ergänze h und l h. Z. 6: ṯaur qār/qīr „pechschwarzer Stier" sieht etwas merkwürdig aus, ist aber kaum als Name zu deuten.

18

Weihinschrift

JS 37 (Abklatsch und — nicht wiedergegebenes — Photo).

Fundort: el-Hereibeh, seit 1910 im Museum in Istanbul.

Beschaffenheit: auf einem oben und unten abgebrochenen Pfeiler, ähnlich No 14. Doch scheint die Basis keinen Absatz zu haben wie dort (falls nicht außer dem Zapfen auch der untere Teil abgebrochen ist). Z. 1—3 auf dem achteckigen Teil, Z. 4—5, 0,22 breit, auf der Basis. Oben geht

der Bruch durch Z. 1. Z. 4 ist der erste Buchstabe durch ein Loch beschädigt.
Schrift: linear, breites ḍ.

1 ٠ ت: ل 2 ـهمحـ 3 ـر: ول

4 ـهنا كتب: ف 5 ـرضيهمى

„[N. b. N. und N. b. N. haben dargebracht den Pfeile]r dem Hā-Maḥr und dem Hāni'-Kātib. Zwei Lebensspannen für sie beide!"

Z. 1: In Lidzbarski's Kopie deutlicher als auf dem Abklatsch. t ist zu r d 'at zu ergänzen, s. No 14.
Lit.: Lidzbarski, Ephemeris, III, 217.

19
Weihinschrift

JS 62 (Abklatsch).
Beschaffenheit: vollständig, jedoch oben in der Mitte verwittert. 0,18 × 0,38.
Schrift: linear, vertieft. Z. 1 š spiegelbildlich; ḍ breit.

1 ش ٠ ٠ ـه: بـ 2 ـنت: قسم 3 هدقت: هـ

4 ـصلمن: 5 لهنا كتـ 6 ـب: فرضه: و 7 اخرته

„Š . . . ā, die Tochter des Qāsim hat dies Standbild dem Hāni'-Kātib dargebracht. Zwei Lebensspannen und Nachkommenschaft für sie!"
Lit.: Grimme, 301.

20
Weihinschrift

JS 84 (Abklatsch, jedoch nur in Kopie wiedergegeben).
Fundort: der Tempel.
Beschaffenheit: auf dem Sockel a, s. oben S. 17. Ursprünglich 6 Zeilen, von denen nur die letzten beiden — schlecht — lesbar sind. 0,28 × 0,68.
Schrift: breites ḍ.

5 ٠ ٠ ال: هصنع: فرضـ 6 ـه: واخرته

„. . . -Il, der Bildhauer. Zwei Lebensspannen und Nachkommenschaft für ihn."

JS haben zwar h q n y kopiert, aber die Züge lassen sich besser als hāṣānic deuten, das allein hierher paßt.

21

JS 48 (Abklatsch).

Beschaffenheit: An allen Seiten behauen. 0,25 × 0,46.

Schrift: vertieft; die Buchstaben durch Doppelstrich gebildet. Über den Zeilen ein großes d̲ und der Rest eines zweiten Buchstaben.

1 . . . زدذغبـ . . . 2 . . . ن:رفد:حـ . . .

3 . . . افكل:هـ . . . 4 . . . به:ومر . . . 5 . . . بن جر . . .

Der Sinn ist dunkel, weil nur ein Name, Zaid-D̲ū-ġābat, und ein Wort, afkal „Priester", sicher zu erkennen sind. r f d in Z. 2 kann Verbum oder Name sein.

22

Bauinschrift

JS 53 (Abklatsch).

Beschaffenheit: Von allen Seiten behauen. 0,43 × 0,23. Doch dürfte oben nur 1 Zeile und an den Seiten nicht viel fehlen. Z. 1 links ist die Schrift verwischt, in den übrigen sind links einige Buchstaben geplatzt.

Schrift: z. T. plump oder verschoben, weil die Zeichen besonders schmal sind.

1 . . . هناس: بن: شهر . . .

2 . . . ملكى: لحين: اصف (?) . . .

3 . . . جبل: شمت: زكر: ذ . . .

4 . . . ذ (?) ل: ورتج: وبرله: و

(1) „... Hā-Nu'ās b. Šahr ... (2) ... der beiden Könige der Lihyan, brachen (?) ... (3) ... dem Berge mit den roten Streifen ... (4) ... und ein Portal (Portale) und Schalen und ...".

Z. 1: Am Ende begannen die Namen des zweiten Königs. In der verlorenen Zeile darüber dürften die Verwalter oder Meister genannt worden sein, welche die berichteten Arbeiten überwacht haben. Z. 2: Der letzte Buchstabe ist wohl ein f, so auch JS. Das ergäbe ' ṣ f und wäre aṣṣaf (ū) < anṣafū = ar ansafū zu lesen: „brachen [Steine im/aus dem]". Z. 3: Gabal šāmāt zukr: (Gabal) aš-Šāmāt, auch aš-Šāmah, kommt heute öfter als Name „von Bergketten vor, die aus rosa oder dunkelgelben Felsen gebildet und stellenweise mit schwarzer Lava oder Schiefer bedeckt sind" (Musil, Arabia Deserta, 96, 510), in Übereinstimmung mit ar šāmah „Muttermal, von der

Hauptfarbe abstechendes Mal"; vgl. die Erklärung des altar Bergnamens Šāmah bei Yāqūt. Mit Rücksicht auf zukr, das, nach ar (ʿanz) zakarīyah/zakrīyah „dunkelrote (Ziege") zu schließen, „rot/rotviolett" heißt, ist hier jedoch ein Berg aus grauem Sandstein mit roten Streifen gemeint. — Es folgt dann wohl ein Relativsatz [„aus welchem sie herstellten"] mit dem Verbum an der Spitze, von dem aber nur der erste Buchstabe zu lesen ist. Z. 4: der erste Buchstabe ist wohl ein ḏ (JS: b unsicher). — Von den ar Bedeutungen von ritāg, Pl. rutug, kommt hier nur „Portal", d. h. die torförmige Umrahmung einer Tür in Betracht. — buralā (dieser Pl. hier ar nicht möglich) zu ar burmah „aus Stein gefertigter Kessel". Vgl. oben unter Keramik.

Lit.: Grimme, 297 f.

23

Weihinschrift

JS 42 (Abklatsch).

Beschaffenheit: der Stein ist oben und links abgeschnitten, die Inschrift aber nur links unvollständig, und zwar fehlt ein Stück, das etwa 1½mal so breit war wie die Inschrift jetzt: 0,58×0,18. Die (rechte) Randleiste ragt geschwungen in Z. 1 hinein.

Schrift: neigt zur Breite, in Z. 3 zusammengedrängt. — Trenner: Keile.

1 نساله : بن : يـ . . .

2 لذغبت : فرضه . . .

3 بهبت : ذه : من : انس

„Nasa'-Lāh b. Y... [hat dieses... dargebracht] dem Ḏū-gābat. Zwei Lebensspannen, [Glück und Nachkommenschaft] für ihn... in diesem Tempel von Anas..."

Z. 2: ist nach den beiden fehlenden Gliedern der Wunschformel vielleicht zu ergänzen: „Es wurde verfertigt/aufgestellt".

24

Weihinschrift

JS 46 (Abklatsch).

Beschaffenheit: Fragment. 0,19×0,23.

Schrift: linear.

1 . . . خرم . . . 2 . . . دل:ل . . . 3 . . . خرت .

Z. 3 enthält das dritte Glied der Wunschformel.

25

Weihinschrift

JS 36 (Abklatsch und Photo).

Fundort: el-Hereibeh, seit 1910 im Museum in Istanbul.

Beschaffenheit: Fragment, 0,53×0,21. Links fehlt ein erhebliches, rechts ein kleines Stück.

Schrift: l hufeisenförmig, die Raute des y breit. — Trenner: Keile.

1 . . . بن : بعل : نتبعل . . .

2 . . . عزى : فرضته : و . . .

„N. b. Baᶜl(b.) Natabbaᶜl [hat . . . dargebracht] der ᶜUzzai. Eine Lebensspanne, . . . für ihn."

Z. 2: vor ᶜUzzai ist nach No 13 li-han- zu ergänzen.

Lit.: Lidzbarski, Ephemeris, III, 216 f.; Grimme, 303.

26

Bauinschrift

M 8 (Abklatsch).

Beschaffenheit: oben abgebrochen, so daß von Z. 1 nur einige Buchstaben zu sehen sind. An manchen Stellen arg verwittert. 0,28×0,26.

1

2 ـه : قيمه : مجادل : ذغبت : بنيو : بت : هصنـ .

3 لذغبت : فرضهمى : وسعدهمى : واخرت

4 ـهمى : سنت : احدى : [1] : براى : ذاسفعن : تـ

5 خمى : بن : لذن : [ملـ]ك : لحين : ذبخ

„. . . ā, die Verwalter der Turmhäuser des Ḏū-ġābat, haben erbaut das Haus hā-ṣn. für Ḏū-ġābat — zwei Lebensspannen, Glück und Nachkommenschaft für sie beide! — im Jahre eins [1] unter der Regierung des Ḏū-asfaᶜain Taḫmai b. Lauḏān, des Königs der Lihyan. Möge seiner im Guten gedacht werden!"

Z. 1: hier müssen drei Personen genannt worden sein; denn quyamā, Z. 2, ist ein Plural (banayū ist nicht eindeutig, s. No 82.2). Der Platz (29 Zeichen und 1, Z. 2) reicht allerdings kaum dafür aus. Sollten aber zwei davon Vater und Sohn gewesen sein, so kann die gleiche verkürzte Ausdrucksweise angewandt worden sein, wie in No 77.3—4. Z. 2: magādil „Turmhäuser". Diese stammen von den minäischen Kolonisten; s. JS min. 10, gemeint auch 11, 17, 26, 27, 33, 213. Wenn die Minäer dafür dieses kanaanäische, aus dem biblischen Dedan stammende Wort statt des in ihrer Heimat üblichen maḥāfid „Wehrtürme" gebrauchen, so können die beiden Begriffe nicht identisch gewesen sein. Es bleibt dann keine andere Bedeutung übrig, zumal für eine solche Stadtbefestigung bei dem kümmerlichen Zustand des nordarabischen Kriegswesens kein Grund vorlag. Auch die minäischen Wohntürme gehörten dem Tempel; denn ihre Aufstockung war ein frommes Werk. In unserer Inschrift fließt das Baugeld offenbar aus ihrer Vermietung. — Der letzte Buchstabe der Zeile ist wohl ᶜ (M: q), also: bait hā-ṣunᶜ „Werkstatt" (kaum Eigenname wie baitihum Ṣunᶜ in der sab Inschrift, Le Muséon, t. 50, 1937, S. 256). Z. 3: Da die Wunschformel sich nur auf zwei Personen bezieht, muß die dritte vor der Vollendung des Baues gestorben sein. Z. 4: In der Lücke ist die Ziffer 1 anzunehmen, so auch Grimme, und zwar in n-artigen Klammern, von denen die Reste noch zu sehen sind, wie in No 30, 32, 33. — Ḏū-asfaᶜain „der mit den beiden ins Rötliche spielenden Schwarzen". Worauf sich dieser Beiname des Königs bezieht, ist dunkel. Z. 5: Zu dem Sigel am Schluß s. oben das Kapitel: Idiomatisches. Lit.: Grimme, 305.

27

Weihinschrift

JS 44 (Abklatsch, jedoch nur in Kopie wiedergegeben) = M 22 (Abklatsch, weniger verwittert als der von JS).

Beschaffenheit: auf allen Seiten abgebrochen. 0,33×0,17. Z. 3 verwischt.

1 . . . صلمتهم . . . 2 . . . هتهم : نذر : . . . 3 . . . . . 4 : . .

„. . . ihr (eorum) Standbild . . . ihrer Göttin gelobt hatte . . ."

Z. 2: das erste Wort ist zu Lāhat oder Ilāhat zu ergänzen. Z. 3 weichen die beiden Zeugen so voneinander ab, daß ich auf den Versuch einer Lesung verzichte.

28

Weihinschrift

JS 39 = M 13 (Abklatsche).
Beschaffenheit: Fragment. 0,46×0,13.
Schrift: linear.

1 . . . رب : بن : شلل : . 2 . . . ذغبت : هسفر

(1) „r b b. Šallāl/Šulail. (2) . . . -Ḏū-ġābat, der Schreiber."

29

Weihinschrift

JS 85 (Abklatsch, jedoch nur in Kopie wiedergegeben).
Fundort: der Tempel.
Beschaffenheit: auf dem Sockel d, s. oben S. 17. Rechts vollständig, oben fehlen mehrere Zeilen, links schräg abgebrochen und am Rande oben verwischt. Ebenso Z. 4 zum großen Teil. 0,64×0,26.

1 حور : وهمصد : لذغبت : فر[ضه]
2 وسعده : واخرته : سنت : تـ [سع]
3 براى : شمت : جشم : بن : لذن : ملك [الـ]
4 حين : شعـ راهكـ

„[N.b.N. hat dargebracht das Standbild und das Wa]schgefäß und den Bronze/Kupferkessel dem Ḏū-ġābat — zwei Lebensspannen, Glück und Nachkommenschaft für ihn! — im Jahre ne[un] unter der Regierung des Šimat (Šāmit) Gušam b. Lauḏān, des Königs der Lihyan . . ."

Z. 1: ḥ w r ist zu miḥwār zu ergänzen „Gefäß zum Waschen von Gewändern aus weißem Leinen". Maṣād zu ar ṣād. Nach dem ar Namen vokalisiert, der von Ibn Duraid, 330, sicher falsch erklärt wird. Z. 3: Der erste Buchstabe des Beinamens des Königs ist mißglückt, kann aber nur š sein, so auch Grimme, 289. Der Beiname bedeutet etwa „Lache deiner Feinde!" oder „der seiner Feinde lacht". Am Schluß haben die Namen des Bildhauers und des Schreibers gestanden, so auch JS.

30

Weihinschrift

JS 83 (Abklatsch und Kopie).
Fundort: der Tempel.
Beschaffenheit: auf dem Sockel c, s. oben S. 17. 0,45×0,71. Oben ist eine Zeile abgeschlagen. Z. 1—3 sind links ganz, rechts etwas verwischt, doch sind die Füße mehrerer Buchstaben in Z. 3 links deutlich zu erkennen. Auch weiter unten leichte Schäden.
Schrift: Trenner: strichartige Keile.

1 ش : وحـ . . . [وعـ]
2 ـمشمس [: حيو : هدقو : هصلـ]
3 ـمن : هذه [: ذ]ذ[ر] : [لـ]عجابن
4 ابهم : خرحذغبت : فر
5 ضيهم : واخرتهم : وسعـ
6 ـدهم : سنت : عشرن : وتسع
7 · 29 · براى : جلتقس :

„. . . š und Ḥ . . . [und ᶜA]mm-Šams [Ḥayau haben dargebracht dieses Standbil]d, welches ihr Vater Ḫ r ḥ-Ḏū-gābat dem ᶜAglibōn gelobt hatte, — Zwei Lebensspannen, Nachkommenschaft und Glück für sie! — im Jahre neunundzwanzig «29» unter der Regierung des Gallat-Qaus."

Z. 1: w ᶜ nach Grimme ergänzt, Z. 2—3 nach No 32, 1—2, wo nur haudaqū fehlt. Z. 7: die Ziffern in n-artigen Klammern.
Lit.: Grimme, 302.

31

Urteil über die Sühne für einen Mord

JS 40 = M 14 (Abklatsche).
Beschaffenheit: auf einer Steinplatte, die so zugehauen ist, daß die Zeilen fast diagonal stehen. 0,25×0,30. Daher sind die Zeilen 4—7 annähernd vollständig. Die 3 ersten Zeilen sind beim Behauen beschädigt worden. Unten und oben fehlen wohl eine oder mehrere Zeilen.
Schrift: linear.

1 تـ

2 ٠او:٠

3 من:شرم:و٠

4 لح:ذكه:يقعد:٠٠٠

5 ٠ن:ودى:نفس:هسلـ٠

6 ٠٠م:فله:يعد:وان:٠

7 ٠٠ودى:ذه:فانه:يتـ

8 ٠٠٠:هنامن:خلقت:٠٠

9 :همقتل:

10 ٠:د

(3) „... von Šarm ... sein Feuer flackern sah, indem er niederkauerte ... Wenn er das vernichtete Leben des Reise[nden] mit Bran[dopfern] sühnt, so wird er nicht bedroht. Aber wenn er (es) [nicht] damit sühnt, so wird der Vertrauensmann einen Anteil [von der Habe/Beute] des Ermordeten er[halten ...“

Die folgenden Ergänzungen beruhen darauf, daß Z. 7 das Ende sichtbar ist, und daß im Anfang von Z. 8, wie sich aus den beiden letzten Zeichen der Z. 7 ergibt, drei Zeichen gestanden haben müssen; denn es läßt sich nun die Zeilenlänge und damit die Zahl der fehlenden Zeichen berechnen: Z. 4 links: 5, Z. 5 rechts: 1, links: 1½, Z. 6 rechts: 2, links: 1, Z. 7 rechts: 2½, links: 0, Z. 8 rechts: 3. — Z. 4: vor dem ḥ steht ein schräger Strich, der zu l, r oder t ergänzt werden kann. Ich habe mich für l entschieden, weil nur diesem ein Sinn abzugewinnen ist: lāḥ (yalūḥ) ḏakauhu. — Am Ende kann etwa rāmī(iya) gestanden haben „mit dem Bogen schießend“, was zu „niederhockte“, nämlich in Knielaufstellung, paßt; dahinter Trenner und f : fa. Z. 5: am Anfang fehlt ’, am Ende ist der Anstrich zu l (so auch JS), dahinter wohl k zu ergänzen: hā-sālik; Z. 6 am Anfang, nach No 82.6—7, ḥ m:ḥumam · — y ᶜ d läßt mehrere Lesungen zu; ich fasse es als yūᶜad auf. — Am Ende ist l zu ergänzen; Z. 7 am Anfang h:lā, Trenner und die Hälfte des w, Z. 8 am Anfang: etwa q b l : yataqabbal oder ein sinnverwandtes Wort, am Ende: min. — Zu ḫalāqat vgl. ḫalāq, Koran, 2, 102/96, 200/196; 3, 77/71, 9, 70/69.

Am Anfang der Inschrift muß etwa gestanden haben: N.b.N. hat einen Reisenden auf dem Wege von Šarm ermordet. Šarm heißen heute die sich zu Häfen verbreiternden Mündungen der ins Rote Meer fallenden Wadis in Nordwestarabien. — Es ist möglich, daß das Wort noch durch einen Eigennamen näher bestimmt war.

Lit.: Winnett, 16 f.

32

Weihinschrift

JS 82 (Photo und Abklatsch).

Fundort: der Tempel.

Beschaffenheit: auf dem sich nach unten verjüngenden Sockel b, s. oben S. 17. Oben abgebrochen, so daß zwei Zeilen fehlen. 0,74×0,47. Z. 2,3 rechts etwas beschädigt, Z. 6 dort leicht, Z. 7 u. 8. völlig verwischt.

Schrift: trotz leichter Abweichungen von derselben Hand wie No 30.

1 حيو : [هدقو] هصلمن : هذه

2 ذنذر : لعجـ[ـلـ]بن : ابهم : خر

3 حذغبت : فرضهم : واخرته

4 [ـم] : وسعدهم : سنت : ثلثن : وخمـ

5 ـس · 35 · : براى منعى : لذن : بـ

6 ـن : هناس : ملك : لحين : سلمه : بـ

7 . . . : هصنع : وخرح : بن

8 . . . بضض : هسفر : ذبخ

„[. . . š und Ḥ . . . und ᶜAmm-Šams] Ḥayau [haben dargebracht] dieses Standbild, welches ihr Vater Ḫ r ḥ-Ḏū-gābat dem ᶜAglibōn gelobt hatte, — zwei Lebensspannen, Nachkommenschaft und Glück für sie! — im Jahre fünfunddreißig «35» unter der Regierung des Manāᶜī Laudān b. Hā-Nu'ās, des Königs der Lihyan. Salmā b. . . ., der Bildhauer, und Ḫ r ḥ b. . . . ., der Schreiber. Möge ihrer im guten gedacht werden!"

Z. 1—6 Mitte entsprechen No 30. Z. 5: der Beiname des Königs bedeutet „Wehre!". Zu dem Sigel am Schluß s. das Kapitel Idiomatisches.

Lit.: Grimme, 301 f.

33

M 28 (Abklatsch).

Beschaffenheit: links unvollständig. Z. 4 und 5 sind noch weitere Buchstaben verschwunden.

Schrift: beim ' ist die obere Linie zwischen den beiden Spitzen durchbrochen; m wie in No **26**.

1 جحمه : بن : نساه : . . .
2 ر : مات : واربعن : . . .
3 و : صار : ونشر : وربغ
4 سنت : ستن · 60 . . .
5 افصن : اس : هسـ . . .

„Gahmā b. Nasa'a-hu ...
hundertundvierzig ...
Ṣau'ar, Nušair und Rābiġ ...
im Jahre sechzig «60» ...
Afṣān (b.) Aus, der Schreiber ...“

Z. 3: Ṣau'ar, Nušair und Rābiġ sind Ortsnamen. Ṣau'ar = *Αυσαρα* an der Route el-Higr/Egra nach Yaṯrib/Medina, und nicht weit von Egra entfernt (Ptolemäus VI, K. 7, § 30), ist in der Stadtruine beim Bahnhof Bedāye[c], 21 km südöstlich von el-Ōla, zu suchen. — Nušair war dem ar Geographen Yāqūt bekannt, aber nicht die Lage. — Rābiġ (vielleicht als Rābūġ anzusetzen, wie ursprünglich der Name des gleichnamigen Ortes südlich Medina gelautet hat; Samhūdī, Wafā'al-Wafā', II, 309) liegt 140 km westlich el-Ōla: „ein Marmorberg — Säulen — viele Inschriften“, Euting, 282. Z. 4: Die „Klammer“ ist deutlich, die 3 Ziffern leicht verwischt. Z. 5: ergänze h s zu hā-sāfir.

Der Sinn der Inschrift ist dunkel. Hat dieser Mann diese lihyanischen Städte für die Nabatäer erobert? Mit 140 Mann? Oder nur Steuern eingetrieben?

34

JS 38 (Abklatsch, jedoch nur in Kopie wiedergegeben) = M 12 (Abklatsch).

Beschaffenheit: Fragment. Z. 1 rechts oben verwischt. 0,19×0,16.

Schrift: eng zusammengepreßt. Aus Mangel an „Leitfossilien“ nicht genau einzuordnen, aber nicht alt.

1 . . . جو:وصد . . . 2 . . . وقرضت:و . . . 3 . . . وعن:وسد

Z. 2: wa-qaraḍat „und sie hat entliehen“ (?)

35

Weihinschrift

JS 80 (Abklatsch und Kopie) = M 34 links (Kopie).
Fundort: nördlich des „Schwarzen Brettes“.
Beschaffenheit: Rest einer Inschrift, deren Hauptteil rechts abgemeißelt und für die Inschrift No 76 verwendet worden ist.
Schrift: linear. Älter als No 34.

1 . . . هنفى 2 . . . ى:وجرم 3 . . . لو:شا 4 . . . ذت:ل

Es sind nur die Namen Hā-Nafī und Garm, bzw. Garam- . . ., sowie ḏāt „diese“ zu erkennen.

Dedanisch-Lihyanische Graffiti

aus Dedan:

36

Grabinschrift

JS 284 (Aklatsch und Kopie).
Fundort: Block am Fuße der westlichen Felswand.
Schrift: frühlih b und f. — Trenner: je 2 Punkte.

كهف:لعذرال:بعلى

„Gruft dem ᶜAḏar-Il b.ᶜAlī gehörig.“

JS und Grimme übersetzen „in ᶜUlai“ = el-ᶜÖlā. Aber einerseits ist dieser Name erst im späten Mittelalter bei dem arabischen Reisenden Ibn Baṭṭūṭa belegt, andererseits kommen niemals Ortsnamen in den Grabinschriften unseres Bereiches vor, es sei denn, der Tote sei fern seiner Heimat gestorben, wie JS min. 23. Es ist daher b entweder wie in No 77.1, JS 269.3 und in vielen „tham“ Graffiti als Abkürzung von bin aufzufassen oder wie in

No 7 als Präposition „durch“, wonach ᶜAlī der Schreiber oder der Erbauer der Gruft wäre. — Die Graffiti JS 90, 152, 305 stellen uns vor das gleiche Dilemma.

Lit.: Grimme, 281.

Gedenkinschriften

37

JS 139 (Kopie).
Fundort: Felswand westlich des Bahnhofes.
Schrift: frühlih ḏ, l.

عيذ منت : بن سلم : رعى

„ᶜĀyiḏ-Manāt b. Sālim/Salm hat geweidet.“

Daneben ein Graffito mit dem gleichen Schema, JS 140, frühlih.

38

JS tam. 194 (Kopie).
Fundort: westliche Felswand.
Schrift: liegende m, frühlih ṭ.

مطى مت حر

„Reittiere sind an Hitze gestorben.“

aus el-Higr:

39

Opfer

JS 7 (Kopie).
Fundort: Gebel Etlib, mit alten, später nabatäischen Heiligtümern, s. oben S. 13.
Schrift: frühlih ṯ ohne Schaft, ein frühlih ᶜ neben zwei ded.

1 الهلثع 2 بن بلع 3 همتع 4 نحر : بتلب : مكشد

„Ilāh-laṯaᶜ b. Bulaᶜ hat sein Heil erwirkt, indem er in Ṯalib eine gute Milchkamelin opferte“ oder „Er opferte ...“.

Z. 4: naḥar bedeutet eigentlich: ein Kamel durch Stich in den unteren Halsansatz schlachten, was zum Ritus des Opfers gehört. — Ṯalib muß ein alter aramäischer Name des Gebel Eṯlib<Ṯalib sein. Der Name bedeutet „durchlöchert", sehr passend für das zerrissene Sandsteinmassiv. — makšūd entspricht ar kašūd: Kamelin, die reichlich Milch gibt, selbst wenn sie nur mit 2 oder 3 Fingern gemolken wird.

40

Sexuelles

JS 17 (Kopie).
Fundort: am Gebel Eṯlib.
Schrift: ṭ „tham" 2, also aus frühlih Zeit, liegendes m, ded k.

ينيك عم يطيل

„Oheim «wird lang» schläft gerne bei."

am Wege el-Higr—Taima:

41

Gedenkinschrift

JS tam. 251 b (Kopie).
Fundort: Ḫešem Gebala, einige 40 km südwestlich Taima.
Schrift: frühlih ḍ.

عمن كح فضر

„ᶜAmmān hat einen Gegner im Kampfe überwunden."

Nachtrag aus Dedan:

42

JS 166 (Kopie).
Fundort: Block an der westlichen Felswand.
Schrift: frühlih h, l.

هنر : ى : لن : لن

„Y! Leuchte uns, uns!" oder: „Y. hat uns, uns geleuchtet."

Das doppelte la-nā ist auffällig, weniger die Abkürzung des Namens; denn die Angeredete könnte eine Frau sein.

Minäisierende Graffiti

43

JS 127 (Kopien).
Fundort: die westliche Felswand.
Schrift: frühlih s, spätnordmin w (der Querstrich fehlt).

1 عرسود: عبد: 2 فمن: ال: يذلمه

„ᶜArīs-Wadd hat (es) gemacht. Wenn einer (es) mit dem Spieß sticht, so schneidet er ihm Ohren oder Nase ab."

Z. 2: lies z statt ḏ. — Der Urheber ist ein Minäer, wie sein Name beweist. Das Graffito stammt aus dem Beginn der lih Periode, vgl. No 11, wo das gleiche nab Fremdwort: ᶜabad erscheint.

44

Gruß

JS 151 (Kopie).
Fundort: die westliche Felswand.
Schrift: ded, spätnordmin w, offenes m.

1 من‌مت 2 ودد . . . لـ 3 ـم اوهبت

„Ein Gruß ... von Maut an Auhabat."

Der Wortlaut ist „tham "1—2, der Urheber also ein Mann aus der Gegend von Taima, der sich ein Alphabet aus den an der Felswand stehenden ded, min und früh-spätlih Graffiti zurechtgemacht hat. Datum: Ende des 1. Jahrhunderts v. Chr. In der Lücke könnte hā-surūr „(ein) freudiger (Gruß)" gestanden haben, das in den entsprechenden „tham" Graffiti vorkommt; v. d. Branden, 234 („tham" 2), 311.

Frühlihyanische Graffiti

aus Dedan:

Grabinschriften

45

JS 312 (Abklatsch und Kopie).
Fundort: nördlich vom „Schwarzen Brett".
Schrift: Trenner: Keile.

لشكر : بن 2 خشش : هقبر 3 ذه : وهنيت 1

„Dieses Grab und das Grabzeichen gehören dem Šākir b. Ḫišāš.“
Wie solch ein Grabzeichen damals aussah, wissen wir nicht.
Lit.: Grimme, 312.

46

JS 317 (Kopien).
Fundort: nördlich von No 45.
Beschaffenheit: im Anfang unvollständig.
Schrift: ṯ ohne Schaft auf dem Kopf stehend.

1 : بن : ا 2 ذهن : مشبر : ارف

„... b. A. hat diese Gruft begrenzt.“
A. ist Abkürzung für Aus, ḏān Fremdwort aus dem „Tham“.

47

JS 257 (Kopien) = EM 38 (Kopie).
Fundort: Felswand el-Hereibeh.

رعل اخذ هقـ . .

„Riᶜl hat den ... in Besitz genommen.“
Der dritte Buchstabe ist nach E l zu lesen; so auch Grimme. Das Ende ist in beiden Kopien dunkel, JS' und Grimme's Ergänzung zu hā-qabr ḏā ausgeschlossen. Eher: hā-qaᶜr „Grund“.

Gedenkinschriften

48

JS 255 (Kopien).
Fundort: Felswand el-Hereibeh.

تكتب اس

„Aus hat sich eingeschrieben.“

49

JS 279 (Abklatsch und Kopien).
Fundort: Felswand el-Hereibeh.
Beschaffenheit: in Kartusche.

مرط كتبه بذه

„Marīṭ hat es darauf geschrieben."

Lit.: Grimme, 306, 321!

50

JS 259 (Abklatsch und Kopien).
Fundort: Felswand el-Hereibeh.

1 هنفى : ل 2 حى : عود 3 عله : اس 4 شرب

„Hā-Nafī dürstete abermals. Aus gab ihm zum zweiten Mal zu trinken."
Lit.: Grimme, 321.

51

JS 282 (Abklatsch und Kopien).
Fundort: Felswand el-Hereibeh.
Beschaffenheit: der untere Teil des h (11. Buchstabe) ist abgeplatzt.

عبد : حمل : و بنته : وقنتهم : بتع

„ᶜAbd-Ḥamal, seine Töchter und ihr Besitz, (Familie) Bataᶜ."

Es liegt nahe, q n t mit Winnett als qaināt „Sklavinnen/Sängerinnen" zu lesen, aber diese Deutung ist No 98 ausgeschlossen. Ich sehe daher darin wie JS eine dem südar q n t (Sing.: q n y) gleichende oder entlehnte Form. — Wie in No 98 handelt es sich auch hier um Herden-Besitz.

52

JS 278 (Abklatsch).
Fundort: Felswand el-Hereibeh.
Schrift: am Ende ist m in w verbessert.

جحمه : بن : جبلددن حين : يثع : حيو

„Gaḥmā b. Gābil-Dedān Ḥaiyān (b.) Y ṯ ᶜ Ḥayau."

Gābil(?)-Dedān ist ein vermutlich aus ded Zeit, vgl. Ḥādiq-Dedān, stammender Titel kaum „Mitglied der Volksversammlung von Dedan", gibill Dedan. Man darf natürlich die beiden Worte nicht nach den ar Restformen beurteilen. — Zu Y ṯ ᶜ, s. oben S. 38 (die griechischen Umschreibungen (masc. 'Ιϑαῆς, fem. 'Ηϑιάϑη)[203] geben dialektische Aussprachen wieder, mit de-

[203] *Wuthnow*, Die semitischen Menschennamen in griechischen Inschriften und Papyri des Vorderen Orients, Leipzig, 1930.

nen sich hier nichts anfangen läßt). — Die Vermutung J. H. Mordtmann's (MoMi, 194) ḥ y w sei hier und am Ende von einigen anderen lih Graffiti als ḥaiyū „Lebet wohl!“ aufzufassen, ist für das Lih kaum begründet, weil gerade Ḥayau als zweiter individueller Name erscheint, s. oben S. 53.
Lit.: Winnett, M, 303.

53

Sexuelles

JS 133 (Kopie).
Fundort: westliche Felswand.
Schrift: der zweite Buchstabe ist nicht ganz sicher, der Schaft des y ist verwischt, der letzte Buchstabe, r, ist von JS irrtümlich zu g ergänzt.

ا كهم : نيك : حجر

„Akham (Abham?) schlief dem Ḥugr/Ḥagar bei.“
Lit.: Grimme, 281.

vom Wege Dedan—el-Higr:

54

Grabinschrift

JS 366 (Kopie).
Fundort: südlich km 960, nahe el-Higr, an einem Felsblock.

1 لزمد : همشبر : 2 وهمشبر : على : هقرت

„Die Gruft gehört dem Z m d, und zwar liegt die Gruft auf dem Felsen.“
Lit.: Grimme, 318.

55

Gedenkinschrift

(vom Ende des 2. Jahrhunderts v. Chr.)

JS 349 (Kopien).
Fundort: Qebūr el-Gindī.
Schrift: ᶜ und y rund, dem q fehlt der Strich über der Raute.

زن : بن : حضرو : تقط : بايم : جشم : بن : شهر : وعبد : فحت : ددن : برا . . .

„Nūrān b. Ḥāḍirū hat sich eingeschrieben in den Tagen (zur Zeit) des Gušam b. Šahr und des ᶜAbd, des Statthalters von Dedan, unter der Regierung des ...".

Faḥat-Dedan: Der Titel Faḥat<aram Peḥā<assyrisch paḫātu ist in Syrien und Ägypten zwischen 520 und 408, also in der Perserzeit, bezeugt; Winnett. Wenn dieser Titel sich hier bis ins Ende des 2. Jahrhunderts erhalten hat, so ist das nicht verwunderlich; denn Arabien, ohnehin durch seine Abgeschlossenheit konservativ, ist von den Wirren der späten Perser-, der Alexander- und Diadochenzeit unberührt geblieben. — Am Schluß ist b r ' mit JS zu bi-ra'y ... zu ergänzen.

Lit.: Grimme, 311; Winnett, 50 f.

Liebesäußerungen

56

JS 345 (Kopien).

Fundort: zwischen km 970 und 969.

Schrift: der vorletzte Buchstabe ist unsicher.

1 فشكرت 2 وداد بلمت 3 يدع ان ط

„Ein Gruß von Balamat an Šākirat. Ich bin Yādiᶜ."

Das ṭ am Schluß ist dunkel. Falls = h, ergäbe sich anā. — Streiche in 2 Alif.

57

JS 347 (Kopien).

Fundort: Qebūr el-Gindī.

Schrift: wenn richtig transkribiert, ein offenes m neben zwei geschlossenen.

1 لبيت : حبب : 2 وان : نعمن : بن : منعم

„Ich hing einem Lieb an; ich bin Nuᶜmān b. Munᶜim."

Die beiden Graffiti stammen wie so viele „tham" von Karawanenleuten. Beide ahmen „tham" Schemata nach. Die eigentümliche Formel in No 56, in welcher scheinbar der Gruß eines Mädchens an ein anderes übermittelt wird, ist eine verdeckte Liebesäußerung.

aus el-Higr:

58

Grabinschrift

JS 12 (Kopie).
Fundort: Gebel Eṯlib.
Beschaffenheit: das Graffito wird in Z. 2 wiederholt.
Schrift: Z. 1 ded-lih, Z. 2 frühlih.

لاخاب : بن : سمك : همثبر

„Die Gruft gehört dem Aẖ-ab b. Simāk“.

Lit.: Grimme, 283.

Religiöses

59

JS 9 (Kopie).
Fundort: vor der westlichen Bergwand, nicht weit von den Ruinen der alten Siedlung.

حج زتر

„. . . ist gepilgert“.

Der Eigenname ist sicher falsch transkribiert.

60

JS 8 (Kopie).
Fundort: Gebel Eṯlib.

1 عبدمنت : اصدق : 2 فرضه : هله : وسعده :

„ᶜAbd-Manāt (b.) Aṣdaq. Zwei Lebensspannen für ihn, o Gott, und Glück!“.

Lit.: Winnett, 13.

vom Wege el-Higr — Taima:

61

Besitzurkunde

JS tam. 427 (Kopie).
Fundort: el-Ḫebū eš-Šarqī.

1 علوت حفر 2 هرس

„ᶜAlwat hat den Brunnen gegraben“.

Früh-spätlihyanische Inschriften

62

Weihinschrift

JS 61 (Abklatsch).
Beschaffenheit: 0,16 × 0,13. Oben fehlt eine Zeile.
Schrift: linear. Offenes m, sonst frühlih; ’, b, ḏ, g, geschlossen.

1 بن : هدب : فـ 2 ـلح : ذغبـ 3 ـت : ادق : لل

2 ـه : هصلمن : 5 فرضيه : و 6 سعده

„. . . b. Haddāb (b.) Fāliḥ-Ḏū-gābat hat dieses Standbild dem Gotte dargebracht. Zwei Lebensspannen und Glück für ihn!“.

Z. 3: Sehr auffällig, daß statt eines Gottesnamens (Ḏū-gābat) li-Lāh steht.

63

Grabinschrift

M 29 (Abklatsch).
Beschaffenheit: vermutlich nur unten, nach M auch rechts vollständig. Oben geht der Schnitt durch eine Zeile. Z. 3 z. T. verwischt. 0,46 × 0,12.
Schrift: offenes m, sonst frühlih. Kleines geschlossenes k.

1

2 لك : لحين : فعرر : هـ . . .

3 عمن : عرر : هكفر : ذه

„[Kö]nig der Lihyan. Bedecke . . . mit Schwären und . . . von jedem, der dieses Grab mit Schwären bedeckt (verunreinigt)!“

Z. 1: die von M gelesenen und ergänzten Buchstaben sind auf der Reproduktion nicht zu erkennen. Z. 2—3: Die Anhängung einer Fluchformel geht auf die nab Grabinschriften in el-Higr zurück, ebenso kafr. Der Wortlaut der Formel aber ist auf lih Boden gewachsen, wie der Name ᶜIrār-Ḏū-gābat beweist, laut dessen Ḏū-gābat diese Schwären sendet. Ich nehme daher an, daß h wie in No 60 zu hā-Lāh zu ergänzen, und daß damit wie in No 62

Ḏū-ġābat gemeint ist, lese also ᶜarrir. Wäre ᶜarrar zu lesen, so könnte man h nur zu Hāni'-Kātib ergänzen. Z. 3: ᶜamman < ᶜan man setzt einen zweiten Imperativ voraus. — Die bildliche Verwendung von „mit Schwären bedecken“ lag dem damaligen Empfinden näher als unserem; nach dem AT können auch Häuser Aussatz haben.

Lit.: Grimme, 307.

64

JS 56 (Abklatsch, jedoch nur in Kopie wiedergegeben) = M 2 (Abklatsch, erheblich besser).

Beschaffenheit: oben und rechts vollständig. 0,46 × 0,18. Z. 1 links verwischt. Auch die übrigen haben gelitten.

Schrift: offenes m, sonst frühlih.

1 وهبله : بن . . .

2 غرى : بجمل : افصـ . . .

3 بعرض : به نتل

„Wahb-Lāh b. .. hetzte auf die Kamele (auf den Kamelhengst) des ᶜAfṣ., . . . in einem Tale, in welchem Naitūl (wuchs) . . .“.

Z. 2: Es ist ġ r w/y IV anzunehmen, dessen erster Buchstabe Z. 1 Ende gestanden hat; denn I (oder IV Passiv) passen hier nicht. Je nach der Konstruktion durfte vor- oder hinterher „Hund(e)“ gestanden haben. — Afṣ. ist zu Afṣān oder Afṣā zu ergänzen. Z. 3 Anfang: M liest f also fī. — Da das Verbum natal „voraneilen“ sich weder dem Sinn noch der Konstruktion fügt, lese ich Naitūl, obwohl dieses im Altar nicht belegt ist; das ist ein Strauch, dessen Blätter den Kamelen als Futter dienen, Musil, The Manners and Customs of the Rwala Bedouins, New York, 1928, 703.

Es sind also Kamele durchgegangen, weil jemand einen Hund auf sie gehetzt hat. Der Hirt oder der Besitzer sucht (und findet?) sie. Die Erzählung dieses Abenteuers ist aber kaum der Zweck dieser Inschrift, eher eine Forderung (und richterliche Gewährung) von Schadensersatz.

65

M 16 (Abklatsch).

Beschaffenheit: Fragment. 0,37 × 0,23.

Schrift: frühlih d; ' fast, ġ ganz geschlossen. Offenes m, spätlih ṣ.

1

2 . . . ـه : اصدقن : بـ . . .

3 . . . وب : ذمر : ذغبـ . . .

4 . . . ـه : هبت : ذه

(2) „. . . meistberechtigte . . . (3) . . . und im Schutze D̲ū-ġābat[t 's . . . (3) . . . dieses Haus . . .“.

Z. 2: M glaubt hier die bekannte Rechtsformel der nab Grabinschriften von el-Higr wieder zu finden: aṣdaq bi-aṣdaq „der je meistberechtigte“ (neben oder unter den natürlichen Erben eines Grabes) und ergänzt daher bi-aṣdaqīn; er dürfte recht haben, obwohl die Formel hier im Plural steht und sich kaum auf ein Grab bezieht. Z. 3: d̲imār bedeutet im Altar: das, was der Mann bei seiner Ehre bis zum äußersten zu verteidigen gebunden ist.

Stellt der Urheber der Inschrift das in Z. 4 erwähnte Haus, nachdem er über den Erbgang verfügt hat, in den Schutz D̲ū-ġābat's?

66

Weihinschrift

M 10 (Abklatsch).

Beschaffenheit: Fragment, oben Spuren einer zweiten Zeile. 0,70 × 0,8.

Schrift: linear. frühlih d, sonst spätlih; kursives ṣ 1.

. . . همصد : من : بته : ونعمه : حبب : هجلل . . .

„. . . den Bronze/Kupferkessel von (dem Ertrag?) seines Hauses und seiner Herde. Ḥabīb hā-Galāl/Galīl . . .“.

Zu maṣād s. No 29.1. — Am Schluß wohl der Name des Schreibers oder Bildhauers, der den Beinamen „der Plumpe“ trägt.

Früh-spätlihyanische Graffiti

67

Besitzurkunde

JS 313 (Abklatsch).

Fundort: Nordende der Felswand el-Hereibeh.

Schrift: offenes m. Das ḫ des zweiten Wortes hat einen ungebührlich großen Haken.

1 للبه وخفه 2 ـشه : وغرثه : هخبرت 3 ذات : ول : ورثهم

„Diese baum- und wasserreiche Bodensenke gehört Labbā, Ḫafšā, Ġarṯā und ihren Erben“.

Lit.: Grimme, 318.

68

Graburkunde

JS 306 (Kopie und nicht abgebildeter Abklatsch).

Fundort: nördlich des „Schwarzen Brettes“.

Schrift: r spiegelbildlich, t geteilt, kursives ṯ, ein m offen.

1 بركتغث · تحيو 2 اخذ همقبرذ ودم

„Barakat-Ġauṯ. Tiḥyāu hat diese Grabstätte in Besitz genommen und verschmiert“.

Z. 1: zwischen dem ersten und zweiten Wort sind mehrere Striche zu sehen, etwa ḏ? Merkwürdigerweise ist auch in JS 190 eine Lücke vor dem gleichen Namen. Z. 2: das h von ḏā ist versehentlich ausgelassen. — damma bedeutet wohl, daß die Deckplatte, welche die Gruft schließt, mit Lehm abgedichtet wird, s. oben S. 18.

Lit.: Grimme, 316.

69

Rechnung für Herstellung von Bewässerungsanlagen

JS 177 (Kopien).

Fundort: Felsblock nördlich des Bahnhofes. „In einiger Entfernung im Norden sieht man einen antiken Kanal und mehrere Wasserlöcher, von Leuten aus el-Ŏla aufgedeckt, die versucht haben, sie für die Bewässerung ihrer Gärten zu benutzen“, JS.

Schrift: offene und beiderseitig offene m, kursives y (rund) und „tham“ ṣ (ohne den mittleren Fuß), ein frühlih [c].

1 هنمنت : شجره : اجى : عشرت : منهل : ايد [هـ]ن

2 [و] مصهن عن على : مزنع : باربعن : سلعت . . . . من انعم فكوع

„Haun-Manāt Šagrā hat zehn Bewässerungsbrunnen in Gang gesetzt, welche (deren Wasser) er verstärkt und gepumpt hatte aus einem Sammelbecken, für vierzig [40] Silberdrachmen von An^{c}am, ferner von Kuwai^{c}“.

Z. 1: ’ g y: es is r zu ergänzen: agrai (Grimme: agāy < agā’). — manāhil: manhal bedeutet zwar in dem vom Beduinentum durchdrungenen Ar „Tränke“ für Menschen und Vieh, hier aber „Tränke“ für Garten und Feld, d. h. Brunnen zur Bewässerung. — aiyadahunna: ich habe das h nach dem folgenden maṣṣahunna ergänzt. Z. 2: der kleine verwitterte Buchstabe kann nur ein w sein. — maṣṣa . . . „gesaugt hatte“ ist wohl als „pumpen“ zu verstehen, etwa mit einer Art Blasebalg; das gilt natürlich nur für den Anfang der Prozedur. Die Doppelpräposition ^{c}an^{c}alai „weg-von auf“ steht deshalb, weil das Sammelbecken in den Boden gesenkt ist. — mazna^{c}<maṣna^{c} ar in den Boden gehöhlte „Zisterne“ für Regenwasser, hier für Grundwasser. — sil^{c}at (linsenförmiger) „Nervenknoten“ dient zur Wiedergabe von aram *sal^{c}ā (nur im Pl. belegt), wie die Silberdrachmen des Nabatäerkönigs Aretas IV. (9. v. — 40 n. Chr.) heißen. — An der verwischten Stelle hat die Summe in Ziffern gestanden, vgl. No 30, 32, 33. — Durch das fa soll wohl ausgedrückt werden, daß der zweiter Zahler an dem Auftrag in geringerer Höhe beteiligt war als der erste. Oder schuldete jeder für sich?

Der Bewässerungsingenieur hat also erstens die versandeten oder verfallenen Brunnen in Ordnung gebracht, sie zweitens an einen vorhandenen Kanal und durch diesen an ein bestehendes Sammelbecken angeschlossen. Was JS oben beschreiben, ist nicht notwendig das Werk unseres Meisters, sondern eher eine mittelalterliche Replik desselben, s. oben S. 19.

Lit.: Grimme, 319.

Spätlihyanische Inschriften

70

Weihinschrift

JS 50 (Abklatsch) = M 18 (Abklatsch, nicht wiedergegeben).

Beschaffenheit: auf allen Seiten behauen, doch ist die Inschrift, entgegen der Ansicht von JS, oben, rechts und links vollständig. 0,35 × 0,22. Oben geht der Schnitt durch Z. 1. Z. 5 und 6 sind links unten beschädigt, rechts verwittert. — Z. 5 ist durch 2 Linien begrenzt, der Steinmetz ist aber mit dem Platz nicht ausgekommen.

Schrift: linear, kursive ', s, ṣ 1.

1 بن بن
2 خ . . عن : ادق : هصلم
3 لذغبت : بمل
4 ذ : تحت : بته
5 . خبامو . . .
6 . وسمع . . .

„. . . b. . . . b. Ḫ . . . ān hat das Standbild dem Ḏū-ġābat dargebracht, in einem Zufluchtsort unter seinem Tempel . . . ihrem Schlupfwinkel . . . und er erhörte . . .".

Z. 5: man beachte das Pronominalsuffix mū „eorum".

71

Weihinschrift

JS 41 (Abklatsch).
Beschaffenheit: unten abgeschlagen. 0,36 × 0,18.
Schrift: linear, kursives ṣ 1.

1 عبدغث : بن : زدل
2 ـه : سمم : قرب : هصلم :
3 لذغبت : بهبرحت
4 برح : بت ذعلى هشا ...
5 ـ ت : مع جبل : ددن : هشا [ن]

„ᶜAbd-Ġauṯ b. Zaid-Lāh (b.) Samām hat das Standbild dem Ḏū-ġābat dargebracht um des Unheiles willen, das ER dem Tempel der ehrwürdigen Erhabenheiten zusammen mit der ehrwürdigen Volksversammlung von Dedan widerfahren ließ".

Z. 2: qarrab statt audaq/haudaq ist in diesem Sinne dem Nab entlehnt. Z. 4: barraḥ, vgl. die ar Bedeutung „Unheil von jemandem (ᶜan) abwenden", hier mit doppeltem Akkusativ, von denen der zweite aus dem vorangehenden barḥa „ein Unglücksschlag" zu nehmen ist. — Der Urheber umschreibt den Namen des Tempels, bait Ḏū-ġābat, weil der Gott selbst das Unglück geschickt hat. Man beachte das Fehlen der Trenner. Z. 5: gibill kommt zweimal in Palmyra, ferner Koran 36, 62 (mit Varianten), Ṭabarī, Ta'rīḫ, I/1939, vor.

Hält man die vorige Inschrift dazu, so kann es sich nur um ein Erdbeben handeln.

72

Künstlerinschrift

JS 75 (2 Photos, eins vor der Zerstörung der oberen rechten Hälfte aufgenommen) = M 25 (Abklatsch).

Fundort: „Schwarzes Brett", Mitte links.

Schrift: linear. ṣ kursiv 1—2.

1 عقرب : بن : مراله : هصـ 2 ـنع : ذغلخ : اثع : ا
3 بالف : بحقوى : كـ 4 ـفر : فرضه : وسعده : و
5 اخرته : سنت : خمس : 6 لهناس : بن تلمى
7 هملك لحين

„ᶜAqrab b. Mar'-Lāh, der Bildhauer . . . hat den Abū-īlāf an den beiden Seiten eines Grabes in Stein gehauen — zwei Lebensspannen, Glück und Nachkommenschaft für ihn! — im Jahre fünf des Hā-Nu'ās b. Tulmai, des Königs der Lihyan".

Z. 2: Die bisherige Erklärung des in der Übersetzung ausgelassenen ḏ g l ḫ als Familien- oder Herkunftsname scheitert schon daran, daß das Wort hinter der Berufsbezeichnung steht. Es ist vielmehr ein Sigel und bedeutet „es werde eines jungen Sklaven im/zum Guten gedacht!", s. oben Kapitel Idiomatisches. — aṯaᶜ: das Verbum, dessen Sinn schon von M richtig gedeutet wurde, ist vielleicht eine Verbalhornung von südar ᶜasa' „in Stein arbeiten" (wenn auch nicht gerade ein Bild). Z. 3: īlāf ist mit Rücksicht auf Koran, 106,1 der Lesung ilf vorzuziehen. — ḥaqwai „Einschnürungen" heißen die beiden Seiten des Einganges zu einem Stollengrabe, weil die Eingänge oft schmäler sind als die Stollen.

Da man eine Person nicht doppelt an einem Grabe abbildet, kann es sich nur um ihre Symbole handeln. Diese Symbole sind das zweite Löwenpaar, s. oben S. 58. Und da ein Mensch keine Löwen als Symbole hat, so ist Abū īlāf ein Gott.

73

Gelübde

JS 73 (Photo) = M 26 (unzureichender Abklatsch).
Fundort: „Schwarzes Brett", Mitte rechts.
Schrift: ' und das erste s kursiv.

1 امتيثعن : بنت 2 دد : نذ [ر] ت : بعدبنـ
3 ـته : قن : بنت حثل 4 لسلمن : همذ : نذ
5 رت عله : امه : فرضه 6 وسعده

„Amat-Yaṯᶜān, die Tochter des Dād, hat, nach dem Tode ihrer Tochter, Qain (Qinn), die Tochter des Ḥaṯīl, dem Salmān gelobt gemäß dem Gelübde, das sich ihre Mutter auferlegt hatte. Zwei Lebensspannen und Glück für sie!"

Z. 1: naḏarat, so mit JS zu ergänzen. Z. 3: Qain (Qinn) ist zu bint Ḥaṯīl zu ziehen, weil der Name des toten Mädchens belanglos ist. — Ob Qain (Qinn) ihre rechte oder nur eine adoptierte Tochter ist, bleibt dunkel. Z. 4: hamma-ḏū eigentlich „im Streben nach demjenigen, was". Z. 5—6: das dritte Glied der Wunschformel fehlt; die Frau hat keinen Kindersegen mehr zu erwarten.

Lit.: Grimme, 318 f.

74

Grabinschrift

JS 45 = M 9 (Abklatsche).
Beschaffenheit: vollständig, 0,94 × 0,24. Die 3 letzten Buchstaben sind auf den unteren Rand gesetzt.
Schrift: ', g, k, s geschlossen, ṯ kursiv.

1 عبدخرج : بن : فله : زدذغبت : بنى : هـ
2 كفر : له : ول : ورثه : هكفر : ذه كلله
3 واخذ : همثبرن : سنت : ثتن : لتلمى : بن : هـ
4 ـناس

„ᶜAbd-Ḫarg b. Fallā (b.) Zaid-Ḏū-ġābat hat das Grab erbaut. Dieses Grab gehört ganz ihm und seinen Erben. Er hat die beiden Grabkammern im Jahre zwei des Tulmai b. Hā-Nu'ās in Besitz genommen".

Grimme hat die syntaktische Gliederung erkannt. — Die Tafel war wohl im Innern des Stollengrabes angebracht.
Lit.: Grimme, 312, Winnett, 15.

75

Bauinschrift

JS 54 = M 4 (Abklatsche).
Beschaffenheit: links abgeschlagen, und zwar fehlen etwa 2/3 der jetzigen Breite, wie die notwendigen Ergänzungen zu Z. 4, 5 zeigen. 0,42 × 0,25.
Schrift: g̦, k fast geschlossen.

1 وهب[لـ]ـه : بن زدقنى : . . .
2 قيمه : نعم : ذغبت : بـ . . .
3 و : هـمقدر : وهنعنك : . . .
4 افقو : فرضهم : وسعـ . . .
5 بسـموى : تلمى : بن هـ . . .

„Wahb-[Lā]h b. Zaid-Qānī [und N. b. N.], die Verwalter der Herden des Ḏū-gābat haben das geplante . . . und das Tor . . . und dem Plan gemäß vollendet — zwei Lebensspannen, Glück und Nachkommenschaft für sie! — unter Samāwī Tulmai b. Hā[Nu'ās, dem Könige der Lihyan".

Z. 1: die fehlenden 11—12 Zeichen reichen für die Namen von zwei weiteren Personen, wie sie durch die Formen quyamā Z. 2 und āfaqū Z. 4 verlangt werden, nicht aus. Es ist daher die gleiche verkürzte Ausdrucksweise anzunehmen, wie in No 77.3 (und vielleicht No 26), wo die zweite Person in dem Vatersnamen der ersten steckt. Z. 2: am Ende ist b wohl zu banayū „haben erbaut" und dahinter das Bauwerk zu ergänzen, das Z. 3 mit w endet. Z. 4: āfaqū<wāfaqū. Z. 5: bi- ist wohl eine aus Mangel an Platz gewählte Abkürzung für das übliche bi-ra'y . . . „unter der Regierung des . . .". — Der Beiname des Königes bedeutet: „Erhebe dich!"
Lit.: Grimme, 304.

76

Grabinschrift

JS 79 (Abklatsch und Kopie) = M 34 (Kopie).
Fundort: Fels nördlich des „Schwarzen Brettes".

Beschaffenheit: die Inschrift ist links durch eine Linie gegen die Reste von No 35 abgesetzt.

Schrift: ḍ nur Z. 5 richtig, Z. 2 aufrecht gestellt und mit Spitzen wie ein ' versehen, Z. 1 aus einem y verbessert. m wie in No 75.

1 مرره : وحضره : بنو

2 نضر : اخذو : هقـ

3 ـر : ذه : هم : واخوهم : فـ

4 <.رر>

5 ـمرره : وحضره

6 وناس

„Murārah und Ḥāḍirah, die Söhne des Naḍr, haben dieses Grab in Besitz genommen, sie und ihr Bruder, also <.urār> Murārah, Ḥāḍirah und Nu'ās".

Der Schreiber hat sich mehrfach geirrt: in dem Glauben, die drei Brüder genannt zu haben, setzt er Z. 1.2 banū und aḫaḏū in den Plural statt in den Dual, korrigiert sich in seiner Verwirrung falsch, indem er Z. 3 wiederum den Plural statt des Duals gebraucht, und verschreibt Z. 4 das m, so daß er Z. 5 noch einmal ansetzen muß.

Lit.: Grimme, 312; Winnett, 12.

77

JS 72 (Photo) = M 23 (2 Abklatsche).

Fundort: „Schwarzes Brett" in etwa 3 m Höhe.

Schrift: Relief. s in Z. 4 gerundet.

1 ابالف : بحيو : كبير

2 هشعت : شعت : هنص وربهـ

3 ـم : [و] حرمنحر : بن : وخـ . : كـ

4 ـرى : شعت : هنس : اخذو : همكان

5 وهمقعد : ذه : كلله : من : معـ

6 ـن : هجبل : هناعلی : عدکی

7 معد : هجبل : هناسفل : فـ

8 ـرضهم : سنت : خمس : برای

9 عبدن : هناس

„Abū-īlāf b. Ḥayau, der Vorsteher der Gesellschaft „das Stachelschwein“ und ihr Herr, [und] Ḥarām-naḥar b. Waḫ . . ., die beiden Vorsteher der Gesellschaft „. . .“, haben in Besitz genommen diesen ganzen Platz samt der Bank vom obersten Rang der Volksversammlung bis zum untersten Rang der Volksversammlung — zwei Lebensspannen für sie! — im Jahre fünf, unter der Regierung des ᶜAbdān (b.) Hā-Nu'ās“.

Z. 1: die Kunya Abū-īlāf „Eintrachtsstifter“ vertritt wie bei dem Gott, No 72.2—3, den individuellen Namen. — b statt bin ist eine beabsichtigte Kürzung, kein Versehen. Z. 2: JS lesen den zweiten Buchstaben d statt š, aber das Photo trügt hier; die beiden Abklatsche sind eindeutig. — naiṣ[204]: das Stachelschwein kommt noch jetzt dort vor, Doughty I, 132. Z. 3—4; die beiden Vorsteher sind Ḥ. und sein Vater, daher dann in Z. 4 das Verbum im Plural; vgl. ar ᶜAbdallāh b. ᶜAbbās raḍiya'llāhuᶜanhumā. Z. 4: n s: dieses Tier kommt JS 87 als Personenname vor und um 1440 als Name eines Stammes in den Marschen des unteren Iraq; Qāḍī Nūrullāh aš-Šūštarī, Maǧālis al-mu'minīn, Teheran 1268, maǧlis 8, gund 16; Käsräwī Täbrīzī, Ta'rīḫ-i pānṣād sāle-i Ḫuzestān, Teheran 1313, S. 11. Mit dem fabelhaften nīṣ, Layard, Discoveries in the ruins of Niniveh and Babylon, London 1853, 567; Weißbach, Leipziger Semitistische Studien, IV, 331, No 66, das nach der Jagdbeschreibung von ᶜAbdalǧabbār ar-Rāwī, al-Bādiya, Baghdad 1366/1947, S. 17 nur ein Marder oder Iltis sein kann, hat das gesuchte Tier kaum etwas zu tun. Z. 5—7: Es muß sich hier um eine in die letzte Geländestufe gehauene Tribüne handeln. Ich habe daher maᶜān und maᶜād mit „Rang“ wiedergegeben. Maᶜān „Aufenthaltsort“ läßt sich ohne weiteres verstehen, maᶜād „Ort, an den man zurückkehrt“, befremdet, vielleicht Schreibfehler für maᶜān.

Was hat vor dieser Tribüne stattgefunden? Ein Ersatz-Gottesdienst, weil der Tempel zerstört war? Opfer waren dort allerdings nach No 82.6 ausgeschlossen.

[204] An Nauṣ „Wildesel“ ist wohl nicht zu denken.

78

JS 76 (Photo und Abklatsch) = M 25.8—9 (Abklatsch).
Fundort: „Schwarzes Brett“ Mitte.
Beschaffenheit: in Kartusche.
Schrift: Relief, der erste Buchstabe von Z. 1 nachträglich eingeritzt. Krone des ṣ oval.

1 امتحمد بنت 2 عصم : همتعت

„Amat-Ḥamīd, die Tochter des ᶜUṣm, hat ihr Heil erwirkt“.
Durch Opfer wie in No 39?
Lit.: Grimme 306.

79

Mordanzeige

JS 67 (Abklatsch).
Fundort: nördlich des „Schwarzen Brettes“ in 2—3 m Höhe.
Beschaffenheit: die Fläche ist schlecht geglättet.
Schrift: Graffito. ’, s kursiv.

1 خلس : ضر : بن : 2 وهب : . . نت : لـ . . 3 اس : اثته

„Ḏarr b. Wahb hat den . . . ermordet. (Die Anzeige stammt) von . . .-aus, seiner Frau“.

Die Bedeutung „ermorden“ für ḫalas (ar: fortreißen) ergibt sich aus einem Vergleich von No 79, 80, 86.

80

Mordanzeige

JS 68 (Abklatsch, Kopien, Photo) = M 55 (Kopien EHD).
Fundort: nördlich des „Schwarzen Brettes“ zur Linken eines Stollengrabes.
Beschaffenheit: die Fläche ist kaum geglättet.
Schrift: graffito. ’, d, s, q kursiv, m wie in No 78. Ligaturen: n-Trenner, m-Trenner, l-geteiltes t, geteiltes t-Trenner.

1 خلس : للب : بن : 2 سد : خلد : سـ

3 نت : عشرن : عتم : 4 ثلت : ايم : قبل

5 راى : سلح :

„Laulab (?) b. Sūd (Sīd?) hat den Ḫālid ermordet im Jahre zwanzig, nach Einbruch der Dunkelheit, drei Tage vor der Regierung des Salīḥ".

Z. 1: die Lesung Laulab ist nicht sicher. Z. 3: Ich lese mit Grimme [c] t m und Trenner gegen JS [c] t m n (der von diesen außerdem gelesene Trenner steht nicht da), ebenso Z. 5 S l ḥ und Trenner gegen S l ḥ n. — Lit.: Grimme 309.

81

Quittung

JS 47 (Abklatsch).

Beschaffenheit: 0,28 × 0,40. Oben geht ein Schnitt durch Z. 1, so daß nur der untere Teil der Buchstaben zu sehen ist. Rechts oben und unten ist etwas abgeschlagen. Sonst ist die Inschrift an den Seiten vollständig, auch Z. 4 Anfang.

Schrift: linear. Kursives q, m wie in No 80, s wie in No 77.4.

1 . مل : قبل : سنو

2 تلت : معن : من : د

3 فت : باربعن : و

4 لمن : همرام

„... m l hat drei Lasten (?) Sennesblätter von einem Sammlertrupp für vierzig Walmān des Herrn M. empfangen."

Z. 2: talāt ist offenbar eine Dialektform für ṯalāt. Die Bedeutung des folgenden Wortes ist geraten; ar mā[c]ūn „Hausgerät" paßt schlecht. Z. 3: dāffat bedeutet ar „gemächlich dahinziehender Beduinentrupp". Z. 3—4: Walmān/walamān heißt „bekränzt", s. oben den Abschnitt Münzen (auch ar walīmah „Gastmahl" kann nur als „bekränzte (Gesellschaft)" verstanden werden, abgeleitet von dem bekannten antiken Brauch, L. Deubner, Die Bedeutung des Kranzes im klassischen Altertum, Archiv für Religionswissenschaft XXX, 96 f.; Kranz und geflochtener Riemen, ar walm/walam, liegen ja der Bedeutung nach beieinander). Z. 4: hā-mar' ist der Münzherr, das m, mangels Platz fehlt der Trenner, die Abkürzung seines Namens.

82

Sühne für einen Mord

JS 77 (Abklatsch und Photo) = M 27 (Abklatsch und Kopie D).

Fundort: „Schwarzes Brett" unten links bis zum Boden reichend.

Beschaffenheit: die Zeilen sind von verschiedener Länge. Z. 7—12 haben durch Felsverwerfung so gelitten, daß sie z. T. unkenntlich sind.
Schrift: linear; kursiv: ṣ 2—3, y 1.2.

1 وهبله : بن : زدقنى : ولمى : بن :

2 نفيه : وديو : نفس : مر : بن : حوت : مه

3 اخذ : علهمى : خرج : وهدثا : لدى : د

4 ثا : حمم : بذافع : ولذغبت : جهـ

5 ـبل : ين : مات : وعشرن : سد ·

6 ول : حمم : بيته : صلم : ول : سلمن :

7 بحقـ[ـو]ى : كفر : حمم : واربب : اخه :

8 واخته : بمه : عنتو : ب

9 فبذه : يسر · · ·   · · · همى

10 وستبهل : وسـ · · ·

11 سنت : عشرن : وثنن : بحيـ ·

12 تلمى : هناس : مل[ك :] لـ · · ·

„Wahb-Lāh b. Zaid-Qānī und Lāmī b. Nafīyah haben das vernichtete Leben des Murr b. Ḥuwait (mit folgendem) zu sühnen: Was ihnen beiden fortgenommen wurde, fällt aus. Ferner: im (kommenden) Frühling bei Frühlingswuchs Brandopfer in Ḏū-āfāᶜ und dem Ḏū-ǧābat Schläuche Wein, hundertzwanzig Sechstel (?), sowie, an Stelle von Brandopfern in seinem Tempel, ein Standbild und dem Salmān Brandopfer an den beiden Seiten eines Grabes. Aber die Vormünder seines Bruders und seiner Schwester, weil sie in eine schwierige Lage gekommen sind (sich verfehlt haben?) durch ... (9) und dadurch ... ihren ... der beiden ... im Jahre zweiundzwanzig, bei Lebzeiten des Tulmai (b.) Hā-Nu'ās, des Königs der Lihyan."

Z. 1: Wahb-Lāh b. Zaid-Q. ist uns schon No 75 begegnet. Z. 2: zum Plural statt des zu erwartenden Duals, s. den Abschnitt Verbalsystem. Z. 3—4: die Tierhaltung, und somit auch die Möglichkeit, Tiere zu opfern, hängt vom Regenfall ab, der jahrelang ausbleiben kann; daher der Zusatz ladai daṯa', welches Wort dieselbe Doppelbedeutung hat wie ar rabīᶜ. Z. 4: ḥumam heißt im Ar „durch Feuer Verbranntes". — Ḏū-āfāᶜ „Schlangenort". Die lih Form āfā^{c}, Sing. afa^{c} stimmt nicht mit der ar überein. Z. 4—5: gahābil; hier ist die Grundbedeutung des Wortes gahbal erhalten, das im Ar nur im bildlichen Sinn „großer (alter) Steinbock“ und gahbalah „häßliche Frau“ vorkommt. Z. 5: s d ist wohl zu suds zu ergänzen, so auch JS. Z. 6: der Tempel war also noch nicht wieder aufgebaut. Z. 7: bi-ḥaqwai kafr, vgl. oben No 72.3. — Es folgt nun offenbar die Auseinandersetzung mit der Familie des Ermordeten; leider ist der Passus zum größten Teil unleserlich. Arbāb (rabb hier oppositum zu rabīb „Zögling“) sind nicht Vormünder im juristischen Sinne, sondern Familienangehörige, die sich der jungen Geschwister des Ermordeten angenommen haben. Z. 10: s tabahal (JS irrtümlich atbahal) ist nach dem Ar nicht zu bestimmen. Z. 11: Ende: man erwartet ḥayāt; ein Felsriß hat das t zerstört.

Lit.: Grimme, 315.

83

Künstlerinschrift

JS 74 (2 Photos) = M 24 (Abklatsche E und Kopie D).
Fundort: „Schwarzes Brett“, links oben, unter 72, über 75.
Schrift: graffito. Kursives ṣ 3.

دعثه : هصنع : نحت : هصلم

„Da^{c}ṯah, der Bildhauer, hat das Standbild gemeißelt.“

Die Inschrift bezieht sich vermutlich auf das Standbild No 82.6. An anderer Stelle war kein Platz für sie.

84

JS 55 = M 1 (Abklatsche).
Beschaffenheit: Fragment, das auf allen Seiten viel verloren hat. 0,46×0,13.
Schrift: ḍ dreieckig, ṣ wie No 78, s (?), g, k geschlossen.

1 . . . ى : ضكل : هغسن : افكل : هكتبى . . .
2 . . . ـه : بن : هرمه : اذه : حربهم . . .
3 . . . . : تله : بمشب : بطعن : صد : ذ . . .

„. . . y plünderte den Hā-Ġassān, Afkal hā-Kātibī [, den N und den N] b. Harmah rein aus. Als er sie beraubt hatte . . . streckte er ihn in einem Kampfe mit einem tüchtigen Spießstoße nieder . . .“

Z. 1: ḍakal; im Ar ist davon nur aḍkal, ḍaikal „nackt, aller Dinge beraubt“ übrig geblieben. Z. 2: Ich habe „b. Harmah“ als die dritte durch das Pronominalsuffix in ḥarabahum verlangte Person aufgefaßt. Er könnte aber auch zum folgenden Satz gezogen werden, indem man ergänzt: „[und den N] rein aus. [Und es kam ...] b. H., als er ...“. Z. 3: ṣid<ṣidq.
Lit.: Grimme 299.

85

Weihinschrift

JS 63 (Abklatsch).

Beschaffenheit: rechts vollständig, links fehlen, wie sich aus der Ergänzung zu Z. 3 ergibt, 8 Zeichen. Oben und unten geht der Schnitt durch die Zeilen, ohne jedoch die Lesbarkeit zu beeinträchtigen. Ob die Inschrift unten vollständig ist? 0,45×0,11.

Schrift: in Z. 3.4 etwas gedrückt oder gebrochen z. B. q. d wie in No 84.

1 ذ:وهبله:بن:زد[منـ]ت:ذبـ. . .
2 ضى: ادق:لذغبت:هناصل. . .
3 خ:لم:على:رتج:قدست:وهصلم. . .
4 خرته:وسعده:سنت:عشرن:وتسـ. . .

„D̲. Wahb-Lāh b. Zaid-[Manā]t... ḍī hat dem D̲ū-ġābat dargebracht den Sockel..., die er auf heiligen Portalen vereinigte, und das Standbild... [Na]chkommenschaft und Glück für ihn! — im Jahre ne[un]undzwanzig.“

Z. 1: Das d̲ am Anfang — Monogramm von D̲ū-ġābat? — hat apotropäische Bedeutung. Z. 2: Am Ende waren wohl noch zwei Gegenstände oder einer mit einem Epitheton genannt, von dem der Relativsatz abhängt. Z. 3: zu rutug s. oben No 22.4. Am Ende ist das erste Glied der Wunschformel zu ergänzen. Z. 4 Ende: von dem s ist nur der Anstrich zu sehen.

86

Mordanzeige

JS 70 (Abklatsch und Kopien) = M 52 (unzureichende Kopien E u. H).

Fundort: nördlich des „Schwarzen Brettes“ über dem Eingang eines Stollengrabes.

Schrift: graffito. Gegen Ende nachlässig. Kursiv: s, z, d, ', y.

Ligaturen: n — Trenner.

1 خلس : زدخرج : بن :

2 بل : خمد : سنت : عشر

3 ن : وتسع : عشر : ايم :

4 خلف : فضج : وبمما : ع

5 لى : فجه : من : هخلس : سه

6 م اله : وزل غله : ومكك

„Zaid-Ḫarg b. Ball hat den Ḫāmid ermordet im Jahre neunundzwanzig, etwa zehn Tage nach Faḍīg. Aber auf einen Wink des Sterbenden an seine Schar « erblich seine Wut und wich sein Haß » und er wurde gedemütigt."

Z. 2: Winnetts Lesung „Ḫāmid" ist der früheren „Ḫālid" vorzuziehen. Z. 3: ʿašr ist Zahlnomen. Z. 4: „nach Faḍīg" läßt verschiedene Deutungen zu: nach der Ermordung des F. oder nach dem Beginn der Regierung des F. oder nach dem Ende der Regierung des F. Z. 5—6: die bisher konstatierten Leseschwierigkeiten reduzieren sich auf eine; wenn dem Steinmetz der Mittelstrich der beiden s in Z. 5 nach links abgerutscht ist (was auch sonst öfter vorkommt), so ergibt das kein ḏ (Winnett), weil das kursive ḏ ganz anders aussieht, s. oben S. 30. Die verwitterte Stelle hinter dem h von illuh ist für einen Buchstaben zu klein, ebenso das Loch zwischen z und l von zāl. Nur g l (gill) sehen auf den ersten Blick sonderbar aus, nämlich wie ein b und eine nach oben offene Gabel, deren Stiel unten nach links umbiegt. Aber die rechte Zinke der Gabel ist der schräge Abstrich des g, die linke aber biegt in Wirklichkeit oben nach links ein, indem sie den linken Anstrich des über ihr stehenden ḫ fortsetzt. So ergibt sich ein regelrechtes l; die scheinbare Biegung unten ist eine Ritze im Felsen. — sahama illuh wa zāla gilluh ist offenbar eine stehende Wendung in Reimprosa, etwa im Sinne von „er wurde überwältigt, so daß er seine Wut nicht äußern konnte". Man beachte das Fehlen der Trenner innerhalb der beiden Glieder, wodurch der Parallelismus membrorum hervorgehoben wird. Z. 6: makka I bedeutet ar „das Mark aus den Knochen saugen", auch in übertragenem Sinne gegenüber einem Schuldner, ähnlich II mit ʿalā. Ich habe daher das entsprechende syrische Verbum für die Ermittlung der Bedeutung herangezogen, zumal sich auch der Name Makk No 90.3 nur aus dem Syrischen erklären läßt.

Lit.: Grimme, 309; Winnett, 14 f.

87

Vergleich

JS 52 = M 21 (Abklatsche).

Beschaffenheit: nur rechts, wo die Randleiste zu sehen ist, vollständig. Z. 1 sind in der Mitte zwei Buchstaben verwittert, der letzte unkenntlich. Z. 8 rechts und links beschädigt. 0,24×0,47.

Schrift: plump.

1 فعب : . . دهـ . . . .
2 وهنى : بخطات : . . .
3 ـعن : معهم : جبل : . . .
4 د : وال : اغسن : . . .
5 ـه : بن : حى : دد : . . .
6 و : اشـ[ـهـ]ـد : كللهم :ه . . . .
7 لهم : وشهدت وهارخـ[ـت] . . .
8 . . له : بن : امر . . .

„Da schmähte(n) ...
und die beiden taten Buße für Sünden ...
.. mit ihnen die Volksversammlung ...
. Wā'il Agsan ...
. b. Ḥaiy-Dād ...
. nahmen sie alle zu Zeugen ...
für sich. Und sie bezeugte und datierte ...
.. -Lāh b. Amīr."

Z. 1: JS ergänzen die zweite Gruppe zu Wuld Hammām, aber das w ist erschlossen, das l zweifelhaft, ebenso das letzte m; auch sollte man zwischen den beiden Worten einen Trenner erwarten. Doch ist ein Kollektiv oder zwei weitere Namen gemäß ma^{c}-hum Z. 3 anzunehmen. Z. 2: Winnett hat auf die Parallele JS min. 32 hingewiesen. Z. 3: das erste Wort ist vielleicht zu ṭa^{c}an „sticheln" zu ergänzen. Z. 6: das h ist nach Z. 7 ergänzt. Z. 7: ha'raḫa[t] ist auffällig, weil die Form weder zu der südar noch zur ar stimmt. Z. 8: der Name des Schreibers.

Der Inhalt läßt sich etwa folgendermaßen rekonstruieren: Zwei Personen haben eine Sünde begangen. Sie werden deshalb von mehreren Leuten geschmäht. Sie tun öffentlich Buße, befriedigen damit aber die Ankläger nicht. Vielmehr beginnt nunmehr auch die Volksversammlung zu sticheln. Mehrere Männer (Z. 4.5) legen sich ins Mittel, der Streit wird beigelegt. Eine Priesterin bezeugt und datiert den Vergleich.

88

JS 51 (Abklatsch).

Beschaffenheit: auf allen Seiten beschädigt und z. T. verwittert. 0,24×0,47.

Schrift: noch plumper als in No 87, kursives ṣ 3.

1 ...و:بت... 2 ...على:تلـ... 3 ...حل:لار...

4 ...ف:هتلـ... 5 ...منف:بـ... 6 ...دخب...

7 ...له:ثلـ... 8 ...م:نا... 9 ...بس

Es sind nur einige Wörter zu erkennen und auch diese nicht sicher. Z. 4: am Ende scheint ^{c} zu stehen (JS zweifelnd t). Das ergäbe hā-tal^{c}[at], während das gleiche Wort Z. 2 durch einen folgenden Eigennamen näher bestimmt wäre; man braucht dabei nicht gleich an Tal^{c}at el-Hammadi zu denken.

89

Traumorakel

JS 69 (Abklatsch und Kopien) = EM 825 (Kopie).

Fundort: Felswand el-Hereibeh, neben dem Eingang eines Stollengrabes.

Schrift: s, q, ' kursiv.

1 وسقت 2 عمم اذه 3 نوم:علم جـ 4 ـه

„Wasaqat (b.) ^{c}Amam sah, während er in tiefem Schlafe lag, das Zeichen g h."

Z. 3: zu ^{c}alim in diesem Sinne vgl. CIH III, 74, Z. 15; ^{c}alam bihū-ta^{c}allam „Zeichen, durch das N gewiesen wurde". Z. 3—4: g h bedeutet nicht etwa gāh „Ehre"; denn Orakel geben Anweisungen für das Handeln.

90

JS 59 (Abklatsch).

Beschaffenheit: rechts und unten vollständig, 0,42×0,49. Z. 1 rechts sind die ersten fünf Zeichen abgeschlagen. Links ein Riß, der ab Z. 2 den letzten, ab Z. 5 die beiden letzten Buchstaben beschädigt oder zerstört hat. Z. 5 links verwischt, so daß nur die Köpfe der Buchstaben sichtbar sind. Z. 6 sind die ersten drei Buchstaben sehr beengt, weil darunter ein Stück ausgespart ist, um Platz für Z. 7 zu gewinnen.

Schrift: steif und mager, unten geradezu schwindsüchtig. m erscheint in einer schlanken und in einer dicken Form, Z. 6 als lange Schlinge, f Z. 4 als kleines nach links offenes Oval, r von Z. 4 an als schräger Strich, q kursiv, n Z. 4 spiegelbildlich, breit und auf der Höhe der halben Zeile endend. Z. 5.6 zwei monogrammartige Ligaturen, das erste Zeichen schräg von rechts oben nach links unten, das zweite umgekehrt, einander kreuzend: r-l und r-m.

1 . . . . . وار بعو : عبد . . .

2 خلد : بطعن : مشهور : اد : سـ . . .

3 فبنت : عله : مك : بنت : . . .

4 ر مه : طنرمفط : فمـ . . .

5 قهرى : مرلمر . . .

6 مخه : رمرم : ممرت . . .

7 ش : ذيرى

(1) „... und vierzig Sklaven ... (2) Ḫālid mit einem rühmlichen, gewaltigen (oder: abscheulichen, gräßlichen) Stoße ... (3) Da errichtete über ihm Makk, die Tochter des ... (4) schoß auf sie (ihn?) Ṭ n r m f ṭ. Da ... (5) die beiden Bezwinger des M r l m r ... (6) ... stellte er den Eingang wieder her ... (7) ., wer die Regierung führt."

Z. 1: arba^{c}ū im status constructus![205] Z. 2: die Wahl der Übersetzung hängt davon ab, ob der Erstochene Freund oder Feind war. Z. 4: hinter r m h kann natürlich etwas anderes stecken als ramaihā/hu. — Der fremde Name mutet afrikanisch an. Ebenso der in Z. 5 (M r l m y ?). Z. 6: Mamarrat eigentlich „Durchgang". Es handelt sich aber wohl um den Eingang zu dem oben errichteten Grabe.

Lit.: Grimme, 310.

[205] oder etwa äthiopisch statt arbā'tū „vier"?

91

Ernennungsurkunde

JS 71 (Photo, Abklatsch, Kopien). S. Bild S.

Fundort: Felswand el-Hereibeh.

Beschaffenheit: in Kartusche, 0,84×1,09. Von Z. 4 ab verkürzen sich die Zeilen, ab Z. 7 noch stärker. Ein Z. 7 beginnender und nach rechts unten laufender Bruch war nach JS vor der Setzung der Inschrift vorhanden; jedenfalls hat er die Inschrift nicht beschädigt.

Schrift: linear. Flüchtig, besonders von Z. 5 Ende ab. Kursiv: y, ḏ, ab Z. 4 ', s, ṯ. Ligaturen: b-n, y-l, b-y, monogrammartig Z. 4, r-Trenner, b-l, m-n.

1 عنزه : بن : اس 2 بن : تنيل : بن : عب :
3 ذال : هنا حنكت 4 سبى : نفهالر :
5 بلحجر : منر : 6 سنت : من اذى : سـ
7 ـبى : فخفر 8 هلجبل : ذ
9 لثلت 10 سنن

„ᶜAnazah b. Aus b. Tinnīl b. ᶜAib Ḏū-Āl Hāni'-Ḥunkat nahm den Nauf-hā-Ular gefangen in el-Higr, im Munīr des Jahres, als, wer Unfug stiftete, gefangen wurde. Daher hat ihm die Volksversammlung den Schutz der Straße für drei Jahre übertragen."

Z. 2: lies ᶜAib und Trenner, nicht ᶜAbd. Z. 3: der Mann war ein Fremder aus dem heutigen Tebūk; denn nur hier (und in Ostarabien) wird die Sippenzugehörigkeit durch Ḏū-Āl „der von der Sippe"... bezeichnet. — Ich lese mit Grimme -Ḥunkat. Z. 5: Man beachte den ar Artikel al in bil-Ḥigr und fa-ḫaffarahu-l-gibill Z. 8. — Munīr (die Vokalisation ist natürlich zweifelhaft) ist wohl ein Monatsname. Z. 7: ḫaffar wie ar IV. Z. 8—10: verkürzter Relativsatz.

Lit.: Grimme, 298.

92

Grabinschrift

JS 384 (Abklatsch).

Fundort: bei el-Higr; JS vermuten darunter el-Ōla. Jetzt im Musée du cinquantenaire in Brüssel.

Schrift: graffito, ähnlich No 96. ', s kursiv.

1 نفس : عبد سمن : بن 2 زدخرج : الت : بنه

3 سلمه : بنت : ا • س : ارشن

„Grabstele des ᶜAbd-Samīn b. Zaid-Ḫarg, welche Salmā, die Tochter des ... (b.) Aršān errichtet hat."

Z. 2: allati/ī, der älteste Beleg für das ar Relativpronomen. — banaihā in Kontaktstellung mit einem natürlichen Femininum sehr auffällig! Fehler?

Lit.: Grimme, 319; Winnett, 15.

Spätlihyanische Graffiti

aus Dedan:

Grabinschriften

93

JS 188 (Kopien).

Fundort: der gleiche Felsblock, auf dem No 3/4 steht.

Schrift: ded k. Von unten nach oben zu lesen; also von den ded Graffiti der Umgebung beeinflußt.

2 كهف 1 مراله

„Gruft des Mar'-Lāh."

JS lesen Z. 2 „Kāhil".

Lit.: Grimme, 281.

94

JS 233 = M 50/51 (Kopien).

Fundort: Nekropole B über einem Grabstollen, durch dessen Bau der mittlere Teil des Graffitos zerstört wurde.

جحشه : بن : ا [س اخذ] همكن

„Gaḥšah b. Au[s hat] den Platz (zur Anlage eines Grabes) [in Besitz genommen]."

Lit.: Grimme, 317.

95

JS 230 (Abklatsch und Kopien).
Fundort: ebenda.

1 نحسطب 2 مرن:اخذ

„Naḥs-ṭāb Murrān hat (den Platz zur Anlage eines Grabes) in Besitz genommen.“

Der Mann war ein Minäer.
Lit.: Grimme 317; Winnett 11.

96

JS 66 (Abklatsch und Kopien) = M 58 (Kopien).
Fundort: ebenda.
Schrift: kursive ’, ṣ 2.

1 ابنه:اخذ 2 هصفحت ذت

„Abānah hat diesen Teil des Abhanges in Besitz genommen.“
Lit.: Grimme 317.

97

JS 65 (Abklatsch und Kopien).
Fundort: ebenda.
Schrift: ’, ṣ (3) kursiv. ḏ fälschlich als s geschrieben, s. oben S. 30.

1 حثل:بن:دج: 2 اخذ:اصفحت

„Ḥaṯīl b. Daug hat den Teil des Abhanges in Besitz genommen.“

Ob das ’ für h ein Fehler ist oder der ar Artikel: aṣ-ṣafḥa, läßt sich nicht entscheiden.
Lit.: Grimme, 316.

Gedenkinschriften

98

JS 302 (Kopien).
Fundort: Felswand el-Hereibeh.
Schrift: f Kreis mit Punkt, wenn dieser nicht der Rest eines Striches ist, so daß w zu lesen wäre.

1 هنفى 2 حمال : فحش : [ع]ربه

„Ha-Nafī (b.) Ḥamai-Il (b.) Fāḥiš mit seinen Beduinen und ihrem Besitz." Z. 2: JS lesen ᶜarabuhu ohne w (f) davor. Vgl. No 51. — Oben fehlt: w q n t h m.

99

JS 246 (Abklatsch).
Fundort: Felswand el-Hereibeh.
Schrift: doppelte Züge.

عدبت بت

„ᶜUdaibat (?) hat (hier) die Nacht verbracht."

100

JS 181 (Kopien).
Fundort: Fels nördlich des Bahnhofes.
Schrift: zwei verschiedene m, zwei verschiedene h.

1 هنمنت 2 هط : سمر : 3 سنت : هس

„Haun-Manāt ... im S m r, im Jahre h s."

Z. 1: Haun-Manāt, so JS; auf der abgebildeten Kopie steht freilich hā-Namirat. Z. 2: aus ar hāṭ ist für das Verbum, das JS 365, 2 a, ebenfalls hinter dem Namen und ohne Objekt wiederkehrt, kein rechter Sinn zu gewinnen. S m r ist wohl ein Monatsname. Z. 3: JS gibt das Datum mit Fragezeichen als 65 an, also nach Buchstabenrechnung. Eher ein Datum beduinischer Art: „im Jahre, als S. hāṭ".

101

JS 276 (Abklatsch).
Fundort: Felswand el-Hereibeh.
Beschaffenheit: ein Wort verwittert, in der Mitte ein wasm: Kreuz.

زدله : بن . . . : ذعمرتع : وعرر : ذغبت : عرر : اسفر ذه

„Zaid-Lāh b.... Ḏū-ᶜAmm-rataᶜ und ᶜIrār-Ḏū-ġābat. ᶜIrār hat dies geschrieben."

Der Schreiber hat versehentlich den Endbuchstaben von ᶜAmm-rataᶜ und den Anfangsbuchstaben des nächsten Wortes vertauscht.

102

JS 300 (Kopien).
Fundort: ebenda.

ذمسلمه

„Dies (ist) Maslamah."

Das gleiche Schema JS 265, 169, 367.

103

JS 297 (Abklatsch).
Fundort: ebenda.
Beschaffenheit: der Name in Kartusche.

ذسعد ذ

„Dies (ist) Sa^cd (ist) dies."

Ähnlich, jedoch mit Trennern statt Kartusche, JS 284. JS 298 ist der theophore Name Zaid-Ġauṯ oben und unten von der Kurzform desselben, Zaid, eingefaßt.

104

JS 277 (Abklatsch, nicht wiedergegeben).
Fundort: ebenda.
Schrift: k ded, ʾ kursiv.

ذعلم افكل لت

„Dies (ist) ᶜUlaim, der Priester der Lāt."

Wirtschaftliches

105

JS 247
Fundort: Felswand el-Ḥereibeh.

1 عبد: ز 2 دله: عتشل

„ᶜAbd (b.) Zaid-Lāh hat den Dattelertrag abgeschätzt."

Im Ar bedeutet ᶜāšil/ᶜāšin „richtig abschätzend", ᶜašana und VIII „seine Meinung äußern", VIII auch „an den Zweigenden nach Datteln suchen". Ich habe daraus die Bedeutung des Verbums wie oben erschlossen.

106

JS 272 (Abklatsche, nicht abgebildet) und Kopien.
Fundort: ebenda.
Beschaffenheit: in Kartusche, der Grund schlecht geglättet.
Schrift: s, ṣ (3) kursiv

1 ثمم : يعمر 2 جدس : تعصى

3 عبدى : عوص 4 وعبد خرج

„Ṯumām macht harten Boden urbar. Die beiden Sklaven des ᶜAuṣ und des ᶜAbd-Ḫarg waren ungehorsam.“

Z. 1: zu g d s vgl. ar arḍ gadīsah „unbebaubares Land“.

Z. 2: Taᶜaṣṣai: statt ᶜ und ṣ könnte man allenfalls w und ḥ lesen. Das ergäbe tawaḥḥai „haben sich beeilt“ oder tawāḥai „haben einander zur Eile angetrieben“.

Der Mann arbeitet wohl im Auftrag zweier Grundbesitzer, die ihm je einen Sklaven mitgegeben haben. Das Ganze ist dann eine Entschuldigung dafür, daß die Arbeit nicht vorwärts kommt (wenn die Lesart im Text richtig ist).

107

Verwünschung

JS 200 (Kopie).
Fundort: auf einem Felsblock am Fuß von Talᶜat el-Hammadi.

ست : هناله

„Schande über Hāni'-Lāh“!

JS haben das Richtige gewittert, als sie s t zu ar satt „häßliches Wort“ stellten. Dieses ist aber erst von ist „Hinterer“ abgeleitet. Die Redensart hat offenbar den gleichen Sinn wie ar bi-sti . . . und ist wohl aus dem „Tham“ übernommen, wo sie sehr häufig vorkommt; v. d. Branden 110, 129, 362, 244 f. quater, 238, 222, 233, 348, 373, 492, 503. — 252 in der Form: bi-sit.

Vom Wege Dedan—el-Higr:

108

Gruß

JS 361 (Kopien).

Fundort: nördlich km 964.

جرمله عن امل

„Garam-Lāh im Auftrag vom Amal.“

Sexuelles

109

JS 365,2 b. 3 (Kopie).
Fundort: südlich km 961.
Schrift: („tham“) ṭ 4

1 كم : اسد املج : و 2 بطن : هبزن [و] فيل وهر [ب

„Ein brauner Löwe schlief bei und die Katze bekam einen dicken Bauch [und] er verlor den Kopf und flo[h].“

Z. 2: Bizūn (buzzūn? zu diesem Schwanken vgl. Caskel in M. Freiherr von Oppenheim, Die Beduinen, Band III, 1953, 432[3]) heißt im heutigen Iraq-Ar „Sumpfluchs“. Im spanischen Ar aber bedeutet buzzun „coño“ (Dozy), und das weist nach einer in vielen Sprachen verbreiteten bildlichen Ausdrucksweise auf „Katze“ als ursprüngliche Bedeutung hin.
Lit.: Winnett, 76.

110

JS 371 (Kopie) = Huber, 441.
Fundort: Fels bei km 961.

1 كم : بن 2 برج

„Bin Burg schlief bei.“

Lit.: Winnett, 15.

111

JS 372 (Kopie) = Huber 441.
Fundort: ebenda.

1 حزمه : نك 2 سلم

„Ḥazīmah schlief dem (der ?) Salm bei.“

aus el-Higr:

112

Befragung eines Orakels

JS 6 (Kopie, Z. 8 fehlt in der Reproduktion).

Fundort: Fels südlich des Gebel Eṯlib.

Schrift: ḏ, s (zweimal) kursiv. „Tham“ ṣ. Trenner: Striche und Doppelpunkte. Z. 7 Anfang fehlen sie, ebenso zwischen den letzten Worten, die aber auseinandergerückt sind.

1 عمرتم: وحلمون : 2 وذرح: وجزات
3 وانعم: وعبد 4 ددت: حجج:
5 سره: بدعسمع: ارب 6 والت: عسال
7 تصبنالملسثلت: ول عب: بسته سملت
اسر منعه

„^{c}Amm-ratam, Ḥlmōn, Ḏarīḥ, Guzai'at, An^{c}am und ^{c}Abd-Dādat, Pilger, nächtliche, des Badī^c-Samī^c wegen einer bedenklichen Handlung, eines Eides und einer Frage an das Orakel: ...“.

Z. 5: surrā kann nur Plural von sārī oder sāyir sein (in letzterem Falle auch sirā); sachlich ist das erste wahrscheinlicher. Der Gott wird nur mit dem Beinamen Badī^c-Samī^c „erschaffend-hörend“ bezeichnet. Z. 6 Ende: lies w statt ^{c}: wa-su'āl. Z. 7: das Fehlen der Trenner in der ersten Gruppe weist darauf hin, daß hier der Eid (in indirekter Rede) wiedergegeben wird. Der Name ist nicht genannt, was dem Stil der Anfrage an das Orakel entsprechen mag. Jedenfalls handelt es sich um eine Frau. Im Hinblick auf Koran, 89, 13/12, könnte man taṣubban ... saut<sauṭ ... lesen. 'l wäre das dem „Tham“ entlehnte ar ilā (wofür der Koran freilich ^{c}alā hat), šaulat? Also: taṣubban il Mall sauta šaulat wal ^{c}aib bi-sautihā samalat (^{c}aina) asīr mana^{c}ahā. Selbstverständlich befriedigt diese Lesung nicht, aber andere geben kein besseres Ergebnis, so daß man meinen sollte, die Kopie sei nicht in Ordnung. — Z. 7 lies t statt des ersten ṯ (Druckfehler).

Wörterverzeichnis

nach ar Wurzeln geordnet. — Pronomina, Zahlwörter und Partikeln s. Kapitel „Sprache".

اب
ab Vater, No 30.4, 32.2

اثع
aṯa' in Stein hauen, No 72.2

احد
aḥad einer?, JS 271.2

اخ
aḫ Bruder, No 76.3, 82.7
uḫt Schwester, No 82.8

اخر
'ḫ r t Nachkommenschaft, s. Abschnitt Idiomatisches

اخذ
aḫaḏ I in Besitz nehmen, fortnehmen JS 289, No 47, 68.2, 74.3, 76.2, 77.4, 95.2, 96.1, 97.2; 83.3

ادد
idd/add Kraft: gewaltig? gräßlich? No 90.2

اذى
āḏai IV Unfug stiften, No 91.6

ارش
araš I in Tausch, zum Ersatz geben, No 4.1

ارف
arraf II (durch Grenzsteine) bezeichnen, No 46.2

اسد
asad Löwe, No 109.1

اصل
aṣl Sockel eines Standbildes, No 85.2

افكل
< babyl Apkallu
afkal Priester, No 9.2, 21.3, 104
afkalat Priesterin, No 12.3

الل
alla I mit einem Spieß stechen, No 43.2
ill Wut, No 86.6

الت
alt Eid, No 112.6

امم
umm Mutter, No 73.5

امن
amīn Vertrauensmann, No 31.8

انث
aṯṯat (Ehe-)Frau, No 79.3

اهل
ahl ... Bezeichnung der Familie („tham"), JS 162

ايد
aiyad II verstärken, No 69.1

برأ
bara' I Part. (?), schnitzen: aushöhlen, No 16.2—3
barā'at Genesung, No 15.2—3

برح

barḥat I nomen vicis Unheil, No 71.3
barraḥ II jem. (acc.) Unheil widerfahren lassen, No 71.4

برل < برم

*barīl, pl. buralā steinerne Schalen, No 22.4

بزن (بز)

buzzūn? Katze, No 109.2

بطن

baṭin I einen dicken Bauch bekommen, No 109.2

بن

bin Sohn, passim
bint Tochter, JS 254, No 19.1—2, 73.1.2—3, 78.1, 90.3, 92.3
banū ... Söhne ... No 76.1

بنى

banai I bauen, auch ein Grab, No 16.2, 26.2, 74.1, 90.3

بهل

s tabahal X ?, No 82.10

بيت

bait Haus, Tempel, No 23.3, 26.2, 65.4, 66, 70.4, 71.4, 82.6, M 11.
bāt I die Nacht verbringen, No 99

تلل

talla I jem. niederstrecken, No 84.3

ثبر

maṯbar/maṯbir Gruft, Grabkammer, No 16.3, 46.2, 54.1.2, 58.1.2, 74.3

ثلث < ثلت

maṯlūt drei Personen gehörig, No 9.8

جبل

gabal Berg, No 22.3
gibill Volksversammlung, No 71.5, 77.6—7, 87.3, 91.8

جدس

g d s harter, schwer zu bearbeitender Boden, No 106.2

جدل

*migdal < kan migdāl, pl. magādil, Turmhäuser, No 26.2

جرى

ag[r]ai IV in Gang setzen, No 69.1

جمل

gamal, pl. gimāl/guml, Kamele, No 64.2

جهبل

*gahbal, pl. gahābil Schläuche, No 82.4—5

حبب

ḥabīb Geliebter, No 57.1

حبر

ḥabar < hebr ḥābēr Mitglied eines jüdischen Kollegiums, JS 292

حجج

ḥagga I pilgern, No 59
*ḥāgg, pl. ḥuggag/ḥuggāg Pilger, No 112.4

حرر

ḥarr Hitze, No 38

حرب

ḥarab I jem. berauben, No 84.3

حرم

aḥram IV etwas für verboten, tabu erklären für (min), No 12.1

حفر

ḥafar I graben, No 61.1

حقو

ḥaqw, dual ḥaqwai die beiden Einschnürungen, Seiten (des Einganges), eines Stollengrabes, No 72.3, 82.7

حمم

ḥamma I mit Tierasche schwärzen, No 17.3
*ḥummat, pl. ḥumam Brandopfer, No 31.5—6, 82.4.6.7

حور

< aram ~
[mi]ḥwār/ar Gefäß zum Waschen von weißen Leinen-Gewändern, No 29.1

حول

ḥiwal, Verbalnomen zu II Transport, No 3.2, 4.1

خبأ

ḫ b ' Schlupfwinkel, No 70.5

خبر

ḫabirat/ḫabrat wasser- und baumreiche Bodensenke, No 67.2

خرج

ḫarag I herausgehen: ausfallen, No 82.3

خطأ

*ḫaṭī'at, pl. ḫaṭī'āt Sünden, No 87.2

خفر

ḫaffar II jem. zum Schutz (einer Route) verpflichten, No 91.7—8

خلس

ḫalas I entreißen: ermorden, No 79.1, 80.1, 86.1
ḫalīs ermordet, No 86.5

خلق

ḫalāqat Anteil, No 31.8

خير

ḫair Gutes, s. Abschnitt Idiomatisches

دثأ

daṯa' Frühling, No 82.3, Frühlingswuchs, No 82.3—4

دفف

dāffat Sammlertrupp, No 81.2—3

دمم

damma I (eine Grabplatte mit Lehm) verschmieren, No 68.2

ذكر

ḏakar I gedenken, s. oben S. 76

ذكو

ḏakau Flamme, No 31.4

ذ . . .

Ḏū ... Bezeichnung der Sippe (min, „tham"), JS 42.2—3, 167, 197.2, 216.2, 288, No 100

ذال . . .

Ḏū-Āl ... Bezeichnung der Sippe („tham"), JS 226.2, No 91.3

ذمر

ḏimār Schutz (-Verpflichtung), No 65.3

رأى

ra'ai I impf. sehen, No 90.7
ra'y Ratschluß: Regierung

رب

rabb Herr, No 77.2, pl. arbāb „Vormünder", No 82.7

رتج

ritāg, No 22.4 (?), pl. rutug, No 22.4 (?), 85.3 Portale

ردأ

[r d'a]t Pfeiler, No 18.1, pl. [r.]da', No 14.1

رسس
rass Brunnen, No 61.2

رعى
ra'ai I (Vieh)weiden, JS 140, No 37

رفد
?, No 21.2

رقى
raqiya I impf. hinaufsteigen, No 12.2

رمرم
ramram wiederherstellen, No 90.6

رمى
ramai I (mit dem Bogen) auf jem. (acc) schießen, No 90.4

ريب
raib bedenkliche Handlung, No 112.5

زطم
zaṭṭām Schwertfeger, JS 262, vgl. S. 28 Anm. 67

زكر
*azkar, pl. zukr rot, violett-rot, No 22.3

زلم
zalam, I apoc. jem. (acc) Nase oder Ohren abschneiden, No 43.2

زمر
zammār Oboenspieler, JS 284

زول
zāl I weichen, No 86.6

سأل
su'āl Frage, No 112.6

سبى
sabai I zum Gefangenen machen, No 91.4.6—7

ست
sit Hinterer, mit folg. Gen. Schande über . . ., No 107

سرى (?) vgl. سير
sārī I part., pl. surrā nachts reisende, No 112.5

سعد
sa'd Glück, s. oben S. 76

سفر
safar I schreiben, No 5
hasfar IV, JS 97.1 (?)
asfar IV, No 101
sāfir Schreiber, JS 97.1 (?), No 28.2, 32.8, 33.5

سفع
asfa' dual, schwarz, das ins Rötliche spielt, No 26.4

سفل
asfal niedrigster, No 77.7

سلع
sil'at = nab *sal'ā Drachme, No 69.2

سلك
sāli[k] I part. wandernd: Reisender, No 31.5

سمع
sami' I hören (erhören?), No 70.6

سن
sanat Jahr, No 26.4, 29.2, 30.6, 32.4, 33.4, 72.5, 74.3, 77.8, 80.2—3, 81.3, 82.11, 85.4, 86.2, 91.5, 100.3
pl. s nūn, No 91.10

سنو
sanau Sennesblätter, No 81.1

سهم
sahama/sahuma seine Farbe verändern; erbleichen, No 85.5—6

سير (!) vgl. سرى
*sāyir I part., pl. surrā/sirā wandelnde, No 112.5

شأن
šā'in I part. ehrwürdig, No 71.4.5

شرب
I inf. šurb/šarb Trinken, No 50.4

شرم
šarm Hafen, No 31.3

شمل
šimā[l] links, No 70.5

شهد
šahid I bezeugen, No 87.7
ašhad IV zum Zeugen nehmen, No 87.6

شهر
mašhūr rühmlich (abscheulich?), No 90.2

شيع
šī'at Gesellschaft, No 77.2.4

شيم
*šāmat, pl. von der Grundfarbe abstechende Flecken, Streifen, No 22.3

صخب
ṣaḫab I schreien, No 88.6

صدق
ṣid<ṣidq tüchtig (Epithet), No 84.3
aṣdaq<nab, pl. aṣdaqūn meistberechtigt, No 65.2

صفح
ṣafḥat ein Stück eines Abhanges, No 96.2, 97.2

صلم
ṣalamān, stat. determ., No 15.5, 19.4, 30.2—3, 32.1, 62.4, ṣalam Standbild No 70.2, 71.2, 82.6, 83, 85.3, ṣalamat weibl. Statue, No 27.1

صنع
ṣun['] I inf. in bait hā-~ Werkstatt, No 26.2
ṣāni' Bildhauer, No 11.1, 20.5, 32.7, 72.1—2, 83
mazna'<maṣna' Sammelbecken für Grundwasser, No 69.2

صيد
maṣād Kupfer-, Bronzekessel, No 29.1, 66

ضرر
ḍarr Krieg, Kampf, No 41

ضكل
ḍakal I rein ausplündern, No 84.1

طعن
ṭa'n I inf. Stoß, Stich (mit einem Spieß), No 84.3, 90.2

طيل / طول
*ṭaiyal II impf. lang werden, No 40

عبد
'abd Sklave, No 90.1, 106.3
'abad I < aram/nab machen: herstellen, No 11.2, 43.1

عتم
'atam Dunkelheit nach Anbruch der Nacht, No 80.3

عرر
'arrar II mit Schwären bedecken, No 63.2.3

عرب
[‘a]rab Nomaden (Halbnomaden?), No 98.2

عرض
‘irḍ Tal mit Vegetation, No 64.3

عشل
‘ tašal VIII (den Dattelertrag) abschätzen (Nachlese an Datteln halten?), No 105.2

عصى
ta‘aṣṣai V ungehorsam sein, No 106.2

علل
‘alla I jem. (acc.) zum zweiten Mal zu trinken geben, No 50.3

علم
‘alim I ein Zeichen erkennen, No 89.3

علو
a‘lai höchster, No 77.6, pl. fem. ‘ulai Erhabenheiten, No 41.3

عمم
‘amm Oheim, No 40

عمر
‘amar I impf. urbar machen, No 106.1

عنت
‘anat I in eine schwierige Lage kommen (sich verfehlen?), No 82.8

عنك
‘ink Tür, No 75.3

عود
‘awād I inf. zum zweiten Mal Tun: abermals, No 50.2
ma‘ād(?) Ort, an den man zurückkehrt, No 77.7

عيب
‘āb I jem. schmähen, No 87.1

غرى / غرو
[a]ġrai IV (einen Hund) auf etw. (bi) hetzen, No 64.2

غلل
ġill Haß, No 86.6

غلم
ġulām Jüngling: (junger) Sklave, No 9.6—7, 72.2

فح
faḥat < aram peḥā < assyr paḫātu/ piḫāti Statthalter, No 55

فرس
faras Pferd, JS 195

فرض
farḍ, dual: 2 Kerben: 2 Lebensspannen, furḍat 1 Kerbe: 1 Lebensspanne, s. Abschnitt Idiomatisches

فوج
faug Schar, No 86.5

فيد
hafād IV spenden, No 15.4

فيل
faiyal II falsch urteilen: den Kopf verlieren, No 109.3

قبر
qabr Grab, No 17.3, 76.2—3
maqbar Grab, No 68.2

قبل
qabil I empfangen, erhalten, No 81.1

قتل
maqtūl getötet, ermordet, No 31.9

قدر
muqaddar geplant, No 75.3

قدس

< aram q d š
qaddīs, pl. fem. heilige, No 85.3

قرب

qarrab II darbringen (in diesem Sinne < Nab), No 71.2

قرض

qaraḍ I entleihen?, No 34.2

قط

taqaṭṭa VIII sich (seinen Namen) einschneiden, s. No 6

قعد

qaʿad I niederhocken, No 31.4
maqʿad Bank, No 77.5

قنى

*q nai (< südar?), pl. q nāt Besitz, No 51, 98.2

قهر

qāhir I part. Bezwinger, No 90.5

قور

qārat isolierter Felsblock, oben flach, JS 182.4, No 12.1, 54.2

قوم

*qaiyim pl. quyamā Verwalter, No 26.2, 75.2

قين

qain Handwerker-Sklave, No 5

كبر

kabīr: groß: Vorsteher, No 77.1.3—4

كتب

katab I schreiben, No 49, VII sich (seinen Namen) einschreiben, No 88

كشد

makšūd Kamelin, die reichlich Milch gibt, obwohl sie nur mit 2 oder 3 Fingern gemolken wird, No 39.4

كفر

kafr < nab Stollengrab, No 63.3, 72.3—4, 74.2, 82.7

كلل

(*kull), pl. kilāl/kulūl ganz, alle, No 74.2, 77.5, 87.6

كهف

kahf Grotte: Gruft, No 1, 2, 36, ded, 93.2(?) spätlih

كوح

kāḥ I einen Feind überwinden, No 41

كوم

kām I beischlafen, No 109.1, 110.1

كون

makān Ort, Platz, No 77.4, 94

لبب

labba I jem. (acc) anhangen, No 57.1

لحى

laḥai I dürsten, No 50.2

لمم

lamma I zusammenbringen, vereinigen, No 85.3

لوح

lāḥ I (impf.?) flackern, aufleuchten sehen, No 31.4

لوذ

malāḏ Zufluchtsort, No 70.3—4

متع

hamta' IV seine Rettung, Heil erwirken, No 39.3, 78.2

مثل

maṯal I formen, JS 399.3

مرر

mamarrat Durchgang: Eingang, No 90.6

مرء

mar' Mann: Herr, No 11.2, 81.4
mar'at Frau, No 12.2

مصص

maṣṣa I saugen: pumpen, No 69.2

مطو

*maṭīyat, pl. maṭī Reittiere, No 38

معن

m ' n, pl. ?, No 81.2
ma'ān < hebr mā'ōn Standort, No 77.5—6

مكك

makkak II, nach dem Syr: demütigen, No 86.6

ملك

malik König, No 1, 22.2, 26.5, 29.3, 32.6, 63 2, 72.7

ملج

amlag braun, No 109.1

موت

māt I sterben, No 38

نتل

naitūl Strauch mit hohem Stamm und grünen, duftenden Blättern, als Kamelfutter dienend, No 64.3

نحت

naḥat I (eine Statue) meißeln, No 83

نحر

naḥar I (ein Kamel) durch Stich in den unteren Halsansatz schlachten, opfern, No 39.4

نحس

naḥḥās Kupferschmied, JS 269.4

نذر

naḏar I geloben, No 27.2, 32.2, 73.2, sich ('alai) ein Gelübde auferlegen, No 73.4—5

نصف

aṣṣaf (?) IV < anṣaf = ar ansaf (Steine) brechen, No 22.2

نعم

na'im I Gunst erfahren (Lohn erhalten), No 1, ded
han'am IV Gunst (Lohn) aussetzen für (acc), No 3.2, ded

نفس

nafs Seele (als Sitz des Lebens), No 31.5, 82.2
nafs < aram/nab Stele (in welche die Seele des Toten gebannt ist), No 92.1

نهل

manhal, pl. Tränke: Brunnen zur Bewässerung, No 69.1

نوم

nauwam II tief schlafen, No 89.3

نوى

nīyat Grabzeichen, No 49.3

نيك

nāk I beischlafen, No 110.1, naiyak II ~, No 40, 53

هرب

harab I fliehen, No 109.3

هنن
hanna I weinen, klagen: Buße tun (in dieser Bedeutung < min?), No 82.2

هوء
hā' I streben, sich abmühen, No 16.4

هيط
hāṭ I ?, No 100.2, JS 364.2a

وثب
mauṯib Kampf, No 84.3

ودد
wadād/widād Gruß, No 44.2, 56.1

ودق
haudaq IV etwas einem Gotte darbringen, No 9.5—6, 19.3,
audaq IV No 62.3, 70.2, 85.2

ودى
wadai I (das vernichtete Leben jem.) sühnen mit (doppelter acc) No 31.5.7, 82.2

ورث
wāriṯ I part., pl. wurraṯ/wurrāṯ Erben, No 67.3, 74.2

وعد
wa'ad I impf. pass. jem. (acc) drohen, No 31.6

وفق
āfaq < wāfaq III einem Plan gemäß vollenden, No 75.3

ولمن
walmān/walamān Münzsorte, No 81.3—4

ومأ
mūma' IV part. pass. Wink (an: 'alai), No 86.4

وين
yain < hebr Wein, No 82.5

يد
yad Hand, No 7

يمن
yamīn rechts, No 17.4

يوم
yaum, pl. aiyām Tag, No 55, 80.4, 86.3

Namensverzeichnis

Angeordnet nach dem deutschen Alphabet, die arabischen Buchstaben in folgender Weise: d ḏ ḍ, g ġ, h ḥ ḫ, s š ṣ, t ṯ ṭ, z ẓ.

Bei der Feststellung der Parallelen sind benutzt: für nordmin JS und M, für südar und saf G. Ryckmans, Les noms propres sud-sémitiques Louvain 1934, für „tham" v. d. Branden und G. Lankester Harding with E. Littmann, Some Thamudic Inscriptions from the Hashimite Kingdom of the Jordan, Leiden 1952, für nab J. Cantineau, Le Nabatéen, II, Paris 1932, für ar die üblichen Quellen, zu denen natürlich auch die einheimischen Lexika wie Tāg al-'Arūs gehören, in einigen Fällen Ibn Ḥazm, Gamharat ansāb al-'Arab, ed. Lévi-Provençal, Kairo 1948 nebst den Mss. Rampur und Bankipur des Werkes, zitiert als IH, Ibn al-Kalbī, Gamharah fin-nasab in der Rezension Muḫtaṣar, Ms. Ragip Paşa, zitiert als Muḫtaṣar, das Grundwerk durch freundliche Vermittlung von G. Levi Della Vida, zitiert als Gamhara. Für die theophoren Namen verweise ich auf die Abschnitte, Das Königreich Dedan, und Religion: Götter, für die hier nicht berücksichtigten Schreibfehler auf die Anmerkungen zu den Listen in dem Kapitel: Die Entwicklung der Schrift, für unzureichende Kopien JS' auf die in diesen Listen angeführten Kopien M, EM und H.

Götter

Abū-īlāf, No 72.2—3 ابالف

'Aglibōn, No 30.3, 32.2 عجلبن

Badī'-Samī', No 112.5 بدعسمع

Ba'l-Samīn, No 12.1 بعلسمن

Ḏū-gābat, No 9.9, 14.2—3, 23.2, 26.2.3, 29.1, 65.3, 70.3, 71.3, 75.2, 82.4, 85.2, M 11 ذغبت

Hāni'-Kātib, No 18.4, 19.5—6 هنا كتب

Lāh < Ilāh, No 60.2, 62.3—4 له

[I?lāha]t, No 27.2 [الهـ]ـت / [لهـ]ـت

Lāt < Lāhat, No 104 لت

Mahr, hā-, No 18.2—3 همحر

Salmān, No 73.4, 82.6 سلمن

'Uzzai, han-, No 13.3, 25.2 هعزى

Wadd/Wudd min Gott, No 9.2—3 ود

Menschen

A'akk vgl. ar 'Akk. JS 194, minäis اعك

Ab-salām Ab ist Friede, JS 121.2, 144, ded, ded-lih — hebr ابسلم

Ab-šakar Ab vergilt, JS 144, ded-lih ابشكر

Abānah ?, zu "tham" u. ar Abān, 96.1 — sab ابنه

Abham (?s. Akham) lallend No 53 ابهم

Abla'ān, JS 267, frühlih — vgl. "tham" Abla' ابلعن

Ab-tābb Vater ist altersschwach, JS 232, spätlih — vgl. "tham" Tābb ابتب

Abū-alḥān Sänger, JS 291.2, frühlih	ابالحن
Abū-īlāf Eintrachtstifter, No 77.1	ابالف
Afkal Priester, JS 383, früh-lih; No 84.1	افكل
Aflat, JS 148, ded-lih — ar	افلت
Afṣā < nab ~, JS 234, 235 (idem); EM 822, 828; No 64.2 (?), frühlih-spätlih — nab; min: Afṣayum, ar: Afṣà	افصه
Afṣān, No 33.5, 64.2 (?)	افصن
Aġsan, No 87.4	اغسن
Afzar bucklig, JS tam. 251 a, ded-lih bei Taima	افزر
Agma', JS 103, ded-lih	اجمع
Aḥad Einer ?, vgl. Wörter-verzeichnis, JS 271.2, frühlih — "tham"	احد
Aḫ-ab, No 58 — hebr	اخاب
Aiyimat, Bin Sohn der Witwe, JS 204, ded	بن ايمت
Akam, JS 265, frühlih — vgl. "tham" u. ar Akama(t)h (Muḫtaṣar, 47)	اكم
Akham (? s. Abham) schwerfällig, vgl. ar kuhām, kahīm, No 53	اكهم
A l s, zu ar walasa/alasa, JS 135.2 ,spätlih — "tham"	الس
Amadū/Āmidū aus dem Nab (unbelegt), JS 342, spätlih	امدو
Amal Hoffnung, No 108	امل
Amat-Ḥamīd des Gepriesenen Magd, No 78.1	امتحمد
Amat-Yat'ān, No 73.1	امتيثعن
Amīr, No 87.8 — sab, "tham", saf	امر
An'am, No 69.2, 112.3; JS 299, spätlih-nordmin, saf, ar	انعم
Anas, No 23.3 — "tham", ar	انس
Anmār Leoparden, JS 268, spätlih — südar, ar	انمر
Aqsanī, JS 321.2, früh-spätlih	اقسني
Arīs-Wadd W.'s Dienstmann Name eines Minäers, No 43	رسود
Aršān, No 92.4 — "tham" 3	ارشن
Arzan, JS 327, spätlih, vgl. ar Razīn	ارزن
Asad (Asīd?) Löwe, JS 152, 245.1, 253, 280, 316, früh-lih-spätlih — südar, "tham", saf, ar	اسد
Asīnah ? Strang, JS 355, spätlih	اسنه
Aslam, JS 237, spätlih — min, nordmin, sab, "tham", saf, ar	اسلم
Asman fett, JS 250.1 b, frühlih	اسمن
Āsyā Arzt < aram, Name eines Juden, JS 107.2, spätlih (JS: Aus-Yah)	اسيه
Aṣdaq, No 60.1	اصدق
[A]ṣḥar fahlrot, JS 250.1 a, frühlih — sab	[ا] صحر
Auhabat Kurzform eines theoph. Namens, No 44	اوهبت
Aus Gabe, Ersatz; Kurzform eines theoph. Namens, JS 104, 227, 245.2, 248.2, 252.3, 254, 256.1, 293, 321.2; No 13.1, 33.5, 46.1, 48, 50.3, 91.1, 94 ded-spätlih — "tham", saf, ar	اس / اوس

Aus-Manāt, JS 10, frühlih aus el-Higr — "tham", ar — اسمنت

'Abd Knecht, Sklave, Kurzform eines zusammengesetzten, nicht notwendig theophoren Namens, No 55, JS 74 bis, 94, 137, 201.1, 232, 266.1, 293, 322.2, 356, ded-spätlih — عبد

'Abd-Dādat Knecht D.'s, No 112.3—4 — عبد ددت

'Abd-Ḏū-ġābat, JS 291.1, spätlih — عبد ذغبت

'Abd-Ġauṯ Knecht des Ġ, No 71.1 — عبدغث

'Abd-h[ā]S[amīn] K. d. Himmels, JS 304 früh-spätlih — عبدهس

'Abd-Hunaı, vgl. ar Hunai, JS 179, 182 (idem), ded-lih; s. S. 37, Anm. 111 — عبد هنى

'Abd-Ḥamal, No 51, früh-lih, vgl. ar Ḥamal — عبد حمل

'Abd-Ḥūt, JS 89 spätlih — عبد حت

'Abd-Ḫarg, No 74.1, 106.4 — عبد خرج

'Abd-Manāt, No 60.1 — "tham" — عبد منت

'Abd-Samīn = 'Abd-Ba'l-samīn?, No 92.1, JS 359 ('Abd-S), spätlih — "tham" — عبد سمن

['Abd]-Šabīb, No 4.1 — [عبد] شبب

'Abd-Qais (Qaus) JS 143, 363 spätlih — ar — عبد قس

'Abd-Qānī, JS 214 früh-spätlih — عبد قنى

'Abd-Wadd Name eines Minäers, No 9.1 — عبدود

'Abd-Wāṣiq < 'A.-Wāsiq, JS 110, ded — عبدوصق

'Abdā trotzige, zu 'Abdān, JS 380.2 spätlih — عبده

'Abdān trotzig, No 77.9 — عبدن

'Abmanāt < 'Abd-Manāt, JS 252.2, frühlih — عبمنت

'Adwān/'Udwān, JS 299, spätlih — "tham", ar — عدون

'Aḏar-Il Gott hilft, No 5,36 — sab, "tham", saf — عذرال

'Aḏarū < nab, JS 95, 113, ded-lih, spätlih — „tham" 2; ar: 'Aḏar — عذرو

'Aḍalah Ratte, JS 321.2, früh-spätlih, vgl. ar 'Aḍal, 'Uḍailah, "tham" 'Aḍal — عضله

'Aib Fehl, Fehler, No 91.2, JS 16 ded-lih aus el-Higr — "tham" — عب

'Aiṭā langhalsige, JS 380.1, frühlih — عطه

'Alawī nisbeh zu min 'Alyān (JS 270.1), JS 356, ded-lih — علوى

'Alhān, M 73 — ar — علهن

'Alī, JS 124, 219, ded-lih — südar, "tham", saf, ar — على

'Alwat, JS tam. 416, No 61.1 (idem) — "tham" — علوت

'Amam(um) Name von Minäern, No 89.2, JS 193, M 57.4, ded-lih-spätlih — nab, "tham", saf, ar — عمم / عممم

' m d, JS 135.1, spätlih — "tham" — عمد

'Amm-Il 'A. ist Il, JS 213, 311, frühlih-spätlih — عمال

'Amm-ra'ai 'A. sieht; nordmin Familienname JS 212,2 minäis — عمراى

'Amm-rata', (Ḏū-) 'A. ist rechtschaffen, rata' nach dem Äthiop zu deuten. Nordmin Familienname, JS 43.2—3, 245.2, 281, 288; M 57; No 101, früh-lih-spätlih — (ذ) عمرتع

'Amm-ratam Fehler?, No 112.1 عمرتم

'Amm-Šams 'A. ist die Sonne, No 30.1.2 عمشمس

'Ammān, No 41; JS tam 251.c (idem) — kan, "tham", nab عمن

'Amr, JS 93, 304, 368; No 11.1, frühlih-spätlih — nab, "tham", saf, ar عمر

'Anazah (? 'Unaizah) Wiesel (?) Name eines Mannes aus Tebuk, No 91.1 عنزه

'Aqrab Skorpion, No 72.1 — 'tham", saf, ar (hier Frauenname) عقرب

'Araqān min Familienname, JS 356.4, ded-lih عرقن

'Āsim, JS 370 spätlih — "tham", ar: Ortsname عسم

'Āṣī Rebell, JS 323 spätlih — ar عصى

'Aṣqar < 'Asqar, JS 94 ded عصقر

'Auḏ, JS 296, früh-spätlih — "tham", saf, ar عذ

'Auf (bonum) augurium, JS 348 ded-lih—nordmin, "tham", ar عوف

'Aul, JS 225 (227: 'l '='Aul A[us]), spätlih — "tham" عل

'Auṣ, No 106.3 — ar عوص

'Auṣarah, JS 291.1 spätlih — ar عصره

'Awīḏ, JS 242 spätlih — saf عوذ

'Āyiḏ Zuflucht suchend, Kurzform eines theoph. Namens, JS 87, 145, 173, 301, 305, ded, spätlih عيذ

'Āyiḏīl < 'Āyiḏ-IL, Ḏū "tham" Familienname, JS 167, spätlih ذعيذل

'Āyiḏ-Manāt, No 37 عيذمنت

'Azar Name eines Juden, JS min. 56.1, spätlih عزر

'Azar-Yah Name eines Juden, JS 107.1, spätlih عزريه

'Azz-Il Gott ist hoheitsvoll JS 353, spätlih عزال

Badw Steppe, JS 98, frühlih بدو

Baḏīm ?, JS 224.2, frühlih — "tham" 2 (nicht: Buḏmū, v. d. Branden, 327; das w gehört nicht zum Namen) بذم

Bahānī, No 12.3 — ar: Bahāni! بهنى

Ba'īṯ, No 6 — ar بعث

Balamat Frucht der Dornakazien, No 56.2 — vgl. "tham" Balam بلمت

Ba'l abgekürzter Personenname, No 25.1; JS 167 (hier wohl in der Bedeutung „Herr") — sab, "tham", saf بعل

Ba'lān, JS 115, spätlih — sab بعلن

[Ba]'lattaṣurr ?, No 11.1 [بـ] علتصر

[Ba]'ltaṣar ?, No 11.1 "

Ball, No 86.2; M 57.3 frühlih (Name eines Minäers); JS 269.3, 283.2, frühlih-spätlih — "tham", ar بل

Bānī, Ḏū-Āl Familienname aus der Gegend des heutigen Tebuk. JS 226.2—3, 215 (idem ohne Ḏū-Āl), minäis — sab, "tham", saf ذال بنى

Barā', JS 266.2, 375.2 früh-spätlih, spätlih — "tham"; ar: al-Barā' برا

Barakat-Ġauṯ Segen d. Ġ., No 68.1 برکتغث

Bāri', JS 167.1, spätlih — "tham" برع

Barq (?), JS 308 frühlih — "tham", sab برق

Barrān nordmin Familienname, JS 105.2, ded — nordmin, südar بران

Basīṭū aus dem Nab (unbelegt), JS 125, 189, ded, ded-lih بسطو

Bata' Familienname, JS 15, 135, 209, No 51, frühlih-spätlih — „tham", sab بتع

Baṭaš < Šabaṭ Spinne, Tausendfuß, JS 330, frühlih — saf, ar بطش

Baulān, JS min. 195 bis frühlih — "tham", ar بلن

Bilāl, JS 229 bis, frühlih — "tham", ar بلل

Bizz Zitze ? < aram, JS 224.3, frühlih — "tham" بز

Bula' Fresser, No 39.2 — nordmin (?) بلع

Burg Turm < πύργος JS 310.2 frühlih — ar برج

Dād Oheim, No 73.2 — "tham", saf دد

Dahbalū aus dem Nab (unbelegt), JS 307, spätlih — ar دهبلو

Dahšaf < Dahfaš, JS 175, spätlih دهشف

Daḥmal, JS 274, frühlih — südar دحمل

Darwat Hyänenwölfin, zu ar darwān, JS 131, ded دروت

Da'ṭah, No 83 — nordmin, min: Da'ṭat, ar دعطه

Daus, JS 237, spätlih — südar, "tham", ar دوس

Daug, No 97.1 — "tham" دوج

Ḏakar männlich, JS 183, ded-lih — nordmin, sab, saf ذكر

Ḏakau, JS 112 ded ذكو

Ḏaraḥ-Il, No 3.1 — sab ذرحال

Ḏarīḥ, No 112.2 — sab, ar ذرح

Ḏū-asfa'ain Beiname, siehe Wörterverz. unter سفع ذاسفعن

Ḏū-Ba'ssamīn < Ḏū-Ba'l-Samīn Anhänger des B. Beiname, JS 194, minäis ذبعسمن

Ḏū-Mai'at voller Jugendkraft JS 154, ded-lih ذمعت

Ḍabu' Hyäne, JS 376 spätlih — min, "tham", saf, ar ضبع

Ḍāmiḫ ?, JS 295 spätlih ضمخ

Ḍāriṭ, hā- der Furzer, JS 219, ded-lih هضرط

Ḍarr, No 79.1 — "tham" ضر

Ḍubai'ah kleine Hyäne, JS 244.1, ded-lih — ar ضبعه

Faḍīg, M 692, frühlih; No 86.4 — saf فضج

Fahd Gepard, JS 273 spätlih — ar فهد

Fahdat Gepardin, JS 251.1, frühlih فهدت

Fāḥiš unverschämt, Name von Minäern, JS 203, 303; M 57.2; No 89.3, frühlih-spätlih فحش

Fāliḥ-Ḏū-ġābat Dienstmann Ḏū-ġābat's, No 62.1—2 فلح ذغبت

Fallā, No 74.1 فله

Fāris Reiter, JS 374, spätlih — "tham", ar فرس

Fatai Jüngling, JS 180, ded-lih — sab فتى

Fātin/Fatin/Fatīn, JS 190, frühlih فتن

Faṭw/Faṭau, JS 120, ded فطو

Fū Mund, JS 238.2, früh-lih — "tham" فو

Gābil-Dedān?, No 52 جبلددن

Gaddā zu "tham", ar Gad-dān, JS 95 spätlih جده

Gaḥmā glotzäugige, No 33.1, JS 278, frühlih جحمه

Gaḥšah weibliches (Wild-) Eselfüllen, No 94.1 — vgl. ar Gaḥš جحشه

Gallat-Qaus, Qaus ist er-haben, No 30.7 جلتقس

Galāl/Galīl, hā der Plumpe, No 66 — "tham", neuar (ohne Art.) هجلل

Gamal-lagūg störrisches Ka-mel, JS 332, ded جملجج

Garam-Hāni'-Kātib Hāni'-Kātib ist ehrfurchtgebie-tend; garam nach dem Äthiop. zu deuten. JS 290, frühlih جرمهنا كتب

Garam-Il, JS 251.1 früh-lih — saf جرمال

Garam-Lāh, JS 361 spätlih جرمله

Garm, No 35.2 (?); JS 226, 307, minäis, spätlih — nordmin, min, "tham", saf, ar جرم

G s mat, s. S. 61. JS 364.3, spätlih جسمت

Guḥfai, JS 260.1, früh-spätlih جحفى

Gurg < Γεώργιος JS 284, spätlih جرج

Gušam, No 29.3, 55 — nab, vgl. Neh. 2.19, 6.1.2.6, ar جشم

Guzai'at < nab ~ No 112.1 جزات

Ġarṯā hungrige, zu ar ġar-ṯān, No 67.1 غرثه

Ġassān, hā-, No 84.2. Vgl. oben Aġsan, frühostar Ġassānat, Muséon, L 240, ar Ġassān هغسن

Ġurrān, Ḏū-, nordmin Fa-milienname, JS 262, früh-spätlih — min, sab ذغرن

Haddāb, No 62.1 — ar هدب

Halakat, sie ist tot Bezieht sich entweder auf die Mutter, oder auf das Kind, um das Unheil zu täuschen. JS 216, früh-lih — „tham" 3 هلكت

Hāni' Diener, JS 342, spät-lih — nordmin, sab, nab, saf هنا

Hāni'-Ḥunkat, Ḏū-Āl, Familienname aus der Gegend des heutigen Te-buk. No 91.3 دال هنا حنكت

Hāni'-Lāh, JS 200, frühlih هناله

Hāni'-Manōt, JS 264.2, frühlih هنامنوت

Harmah, No 24.2 — ar (u. a. Gamhara, zum Stamm Huḏail, älteste Generation) هرمه

Haun-Manāt Milde der M. No 69.1, 100.1 هنمنت

Ha'wasat sie hat zum Er-satz gegeben. Kurzform eines theoph. Namens, JS 344, frühlih هاوست

Ḥabīb Geliebter, No 66 حبب

Ḥādiq-Dedān JS 335, ded-lih حدقددن

Ḥāḍirah, No 76.1.5 حضره

Ḥāḍirū, aus dem Nab (unbelegt), No 55 — nordmin, ar حضرو

Ḥagar
s. Ḥugr حجر

Ḥaiy-Dād, No 87.5 حى دد

Ḥaiyān, No 52 — „tham", nab, saf حين

Ḥaiyat Schlange, Name eines Minäers. M 57.1, frühlih — „tham" حيت

Ḥamai-Il Il schützt, zum Teil Name von Minäern, JS 194, 262, 303; M 57.2; No 98.2, frühlih — spätlih — nordmin, sab, hadr حمال

Ḥamai-Maḫr, JS 326, ded حممخر

Ḥamāṭat Bergfeige, JS 340, spätlih — neuar حمطت

Ḥāmī, JS 183, ded-lih — nordmin, südar, „tham", saf حمى

Ḥanfā zu ar Aḥnaf. JS 252.1 حنفه

Ḥann, JS 90, ded-lih — „tham", saf حن

Ḥarām, JS 258.1, 252.1, 283.1 (?), 304, frühlih — spätlih — nordmin, sab, saf, ar (wo Ḥarīm nur einmal belegt) حرم

Ḥarām-naḥar Ḥ. hat geopfert, No 77.3 حرمنحر

Ḥarīs, JS 377, spätlih — „tham", ar حرس

Ḥarmalah Peganum harmala JS 202, spätlih — ar حرمله

Ḥatf, JS 180, ded—lih — „tham" (Wüstenfeld: Ḥutaif ist ein Fehler für Ḥunaif) حتف

Ḥaṯīl faul, No 73.3, 97.1 — „tham" حثل

Ḥauṭā (? s. Ḥiṭl), JS 250.2, frühlih حطه ؟

Ḥayau lebendig. Vgl. äthiop ḥeyāu. JS 163 (mit Art.), 290, 339.1; No 32.1, 52, 77.1, ded-spätlih — nordmin, südar, „tham" حيو

Ḥazlān, M 75.1, frühlih حزلن

Ḥazīmah/Ḥazmah, No 111.1 — ar حزمه

Ḥillat/Ḥullat, JS tam. 403, ded-lih vom Wege el-Higr—Taima — „tham" حلت

Ḥimrāg<Ḥimlāg, JS 223, frühlih — nab, saf حمرج

Ḥitl/Ḥātil, JS 333, ded حتل

Ḥiṭl (? s. Ḥauṭā) Wolf, JS 250.2, frühlih حطل

Ḥizbār/Ḥuzbūr <nordmin, saf: Ḥizfār/Ḥuzfūr = ar hiḏfār/huḏfūr, JS 267, frühlih حزبر

Ḥ lmōn aus dem Nab (unbelegt), No 112.1 حلمون

Ḥ r w ṣ, JS 212.1, minäis حروص

Ḥ s, JS 96, frühlih – „tham" حس

Ḥugr (Ḥagar), No 13.1, 53 — „tham", ar حجر

Ḥulail, JS 321, früh-spätlih — ar حلل

Ḥullat
s. Ḥillat

Ḥurrat Freie, Edle, JS 377, spätlih, vgl. „tham", ar: Ḥurr حرت

Ḥuwait (Ḥūt?) Fischchen, No 82.2 — „tham", nab, ar: Ḥūt حوت

Ḫabīṯ, M 75.1, frühlih	خبث
Ḫadl, JS 163, ded-lih	خدل
Ḫafšā triefäugige, No 67.1.2	خفشه
Ḫalaf Ersatz, JS 118 spätlih — sab, „tham", saf, ar	خلف
Ḫālid, No 80.2, 90.2; JS 231, spätlih — nordmin, min, saf, ar	خلد
Ḫāliṣ, Name eines Minäers, M 57.3, frühlih – „tham", saf	خلص
Ḫāmid schweigend, No 86.2	خمد
Ḫarg-y ṯ . ', JS 92, ded	خرجيثع
Ḫišāš, No 45.2; JS 310 (idem)	خشش
Ḫ r ḥ, No 32.7, vgl. „tham" Ḥ r ḥ	خرح
Ḫ r ḥ-Ḏū-ġābat, No 30.4, 32.2—3	خرحذغبت
Il-ab Il ist Vater, JS 13, ded-lih aus el-Higr—sab, „tham"	الاب
Il-'amm Il ist Oheim, JS 160, ded	العم
Il-barr Il ist getreu, JS 185, ded-lih	البر
Il-y ṯ ', JS 174, ded	اليثع
Ilāh-ab, JS 109, ded	الهاب
Ilāh-laṯa' < I.-lafa' Ilāh umfaßt, No 39.1	الهلثع
Iyās Ersatz, JS 101, 118, 216.1—2, spätlih — nordmin, min, „tham", saf, ar	ايس
Iyās-Il, JS 213, spätlih	ايسال
'Irār Schwären, JS 269.3.4; No 101 (Kurzform von 'Irār-Ḏū-ġābat), frühlih-spätlih — ar	عرر

'Irār-Ḏū-ġābat, JS tam. 251c; No 101, ded-lih, spätlih	عرر ذغبت
'Irāš Ersatz, JS 132, 137, ded, ded-lih — nordmin, ar	عرش
'Irāš-I[l], JS 161, ded-lih	عرشا [ل]
Kabīr, JS 11.2 — ar	كبر
Kabur-Il Il ist groß, No 1 — „tham" 2	كبرال
Kalabān tollwütig, vgl. neuar kalbān, JS 356.3, ded-lih – nordmin, saf, „tham"	كلبن
Kātibī, hā-, aus der Familie ...-Hāni'-Kātib, No 84.1	هكتبي
Kusa', JS 378, spätlih — ar	كسع
Kuwai' Dem. zu ar akwa': jemand, der eine Verkrümmung an der Daumenseite der Handwurzel hat. No 69.2	كوع
Labbā, vgl. den ar Ortsnamen Labbà, No 67.1	لبه
Labīd, JS 199, 201.2, 275, frühlih-spätlih — „tham", ar	لبد
Laff/Liff, JS 113, spätlih — „tham"	لف
Laḫm, JS 114, spätlih - ar	لخم
Laiṯ Löwe, JS tam. 403, ded-lih, vom Wege el-Higr—Taima — „tham", ar	لث
Lāmī mit dunklen Lippen, No 82.1 — neuar	لمى
Laumān, JS 119, frühlih	لمن
Lāwiyān, JS 356.4, ded-lih	لوين
Laulab? No 80.1	للب ؟

Laudān, No 26.5, 29.3, 32.5 — „tham“, saf, ar لذن

Liḥyān, Volksname, No 22.2, 26.5, 29.3—4, 32.6, 63.2, 72.7, 82.12 لحين

Liḥyatān vollbärtig, JS 336, frühlih لحيتن

Li-Zādat, der „Sie mehrt“ gehörig, JS 369.2, spätlih لزدت

Luṭa /Laṭṭā‘, JS 149.1—2, ded لطع

Makk, Frauenname, No 90.3 مك

Malīḥ, JS 373, 375, frühlih, früh-spätlih — nordmin, südar, „tham“, ar ملح

Mālik, JS 192, 335, ded-lih, spätlih — „tham“, ar ملك

Mālikah, JS 214, früh-spätlih — „tham“ (. . . t) ملكه

Mall (? Murr), JS 146, spätlih — „tham“, saf, ar مل (مر؟)

Manāf, No 88.5 — „tham“, ar منف

Manā‘ī Wehre! Beiname, No 32.5 منعي

Mar’-Ḏū-ġābat Mann Ḏ.-ġ.’s JS 248.2, frühlih مراذغبت

Mar’-Il, JS 203, frühlih مرال

Mar’-Lāh, No 72.1, 93.1; JS 314.1, frühlih — „tham“ مراله

Mar’-Yaḥir/Yauḥar/Yaiḥar Mann des „Er zürnt“, JS 240, spätlih مرايحر

Mardam, JS 309, ded — neuar مردم

Marīṭ, vgl. ar Marīṭah, No 49 مرط

Maslamah, JS 244, No 102, ded-lih, spätlih — ar مسلمه

Mata‘-Il Il rettet, No 1.1, 3.1, 4.2 — min متعال

Maut Tod, No 44 — „tham“ مت

Māzin, JS tam. 539, frühlih — sab, saf, ar مزن

Miball/Mubill, JS 374, spätlih — „tham“ مبل

Milḫatum, Name eines Sabäers, No 10 — sab ملختم

Milṭas/Milṭās Hammer Name eines Sklaven, No 5 ملطس

Mir‘al schneidend, Name eines Minäers, JS 212.1 مرعل

M r l m r(y), No 90.5 مرلمر (مرلمي) [

M r s, JS tam. 403, ded-lih, am Wege el-Higr—Taima — „tham“ مرس

Mubill s. Miball مبل

Muḏimmah/Muḏammah, JS 260.2, früh-spätlih مذمه

Muḥannin, JS 101, spätlih محنن

Mulailah, JS 346, spätlih — saf, vgl. ar: Mulail ملله

Mulimm/Mulīm, JS 236, spätlih ملم

Mun‘im, JS 350, No 57.2, frühlih — saf منعم

Muqīm, JS 327, spätlih — „tham“ مقم

Muqraṣ, hā-, JS 286, spätlih همقرص

Murārah, No 76.1.4. — ar مرره

Murr bitter, No 82.2, JS 146 (Mall?) - saf, „tham“, ar مر

Murr-malīḥ bitter-salzig, JS 355.1, spätlih مرملح

Murrān, nordmin Familienname, JS 95.2 — ar مرن

Musaik, Name eines Minäers, M 57.1, frühlih — nordmin, ar; JS 14, 285, spätlih (vielleicht zu ar masaka wie sab, „tham“, saf) مسك

Naḏr Gold, No 76.2 — ar: al-N. نضر

Nafī, hā- der Verbannte, z. T. Name von Minäern, No 35.1, 50.1, 98.1; JS 193, 256.2, M 57.3, ded-lih-spätlih — nordmin, nab هنفى

Nafīyah, No 82.2 — nordmin نفيه

Nag'at, JS 291.2, frühlih نجات

Naḥs-ṭāb < aram Naḥš-ṭāb, Lehnübersetzung von ἀγαθὴ τυχή. Name eines Minäers. No 95.1 — nordmin, palmyr (Ingholt, Berytus, II, 92), nab (Revue Biblique 1931, 412 f.) نحسطب

Nā'is, JS 357, spätlih — „tham" mit Art. ناعس

Naiṣ, hā- das Stachelschwein Name einer Gesellschaft, No 77.2 هنص

Na'mā, JS 350 frühlih نعمه

Na'mān s. Nu'mān نعمن

Namir Leopard, JS 190, 299.1, frühlih-spätlih — sab, „tham", saf نمر

Na'r-gadd N. ist Glück, No 1 نعرجد

Nasa'ahu, Er möge ihn (seinen Tod) aufschieben, No 33.1 نساه

Nasa'-Lāh, No 23.1 نساله

Nasa'-Manāt, JS tam. 402, ded-lih bei Taima نسامنت

Nasrah Geierweibchen, vgl. ar Nasr. JS 168, spätlih نسره

Natabba'l < Natan-Ba'l, No 25.1, Name eines Syro-Nabatäers نتبعل

Natan-Ba'l, B. hat gegeben, Name eines Syro-Nabatäers, No 17.1 نتنبعل

Natan-Dād, No 3.3 نتندد

Nauf-hā-Ular (?) Anhöhe des Waran? No 91.4 نفهالر

Naum? Schlaf? s. Wörterverzeichnis, No 8 — „tham", saf نم

Naumat, JS 268, spätlih — saf, neuar نمت

Nāwī, Bin-, JS 256.2, frühlih — „tham" بن نوى

N s, hā-, Name einer Gesellschaft, No 77.4, ohne Art. JS 87, spätlih هنس

Nu'ās, No 76.6 ناس

Nu'ās, hā-, No 22.1, 32.6, 74.3—4, 75.6, 77.9, 82.12 هناس

Nu'mān/Na'mān, zur 2. Form vgl. die ar Ortsnamen, No 57.2 نعمن

Nu'm-Manāt, JS 238.1, frühlih نعمنت

Numārah, JS 261, spätlih — ar نمره

Nūrān, No 55 — „tham", neuar نرن

Qābil, Name eines Minäers, M 57.3; JS 283.3, frühlih — „tham" قبل

Qa'īl Hase, Name eines Minäers, JS 281, frühlih قعل

Qain/Qinn Sklavin, Frauenname. Qain ist nab als Männer- u. Frauenname bezeugt, Qinn ar: im Hause geborener Sklave/Sklavin. No 73.3 — tham قن

Qain-Manāt, Sklave der M. JS 367, spätlih قنمنت

Qais, JS 265, frühlih — „tham", saf, ar قس

Qaiyimat Verwalterin, JS 210, spätlih — „tham" قيمت

Qarmat/Qurmat/Qurāmat, JS 155, minäis قرمت

Qasb, JS 229, frühlih قسب

Qāsim, No 19.2; Name eines Minäers, JS 288, frühlih-spätlih — „tham"; JS 273 (mit Art.) spätlih — ar قسم

Qasam-Il Il verteilt, JS 287, spätlih قسمال

Qinn s. Qain قن

Qaus-barr Q. ist getreu < edom, JS 334, ded-lih قوسبر

Qaus-malak Q. herrscht < edom, JS 331, ded-lih قوسملك

Rabāḥ, M 64, frühlih — qat, saf, ar ربح

Rabīʿ Frühling(swuchs), JS 350.2, frühlih — „tham", ar ربع

Rabīs JS 218.2, spätlih — „tham" ربس

Ragul? Lādd Mann des L. JS 155, minäis رجل ؟ لد

Raḥmah, JS 169, spätlih رحمه

Raib, JS 169, 285, spätlih — sab, „tham", ar رب

Rākil/Rakl, JS 141, 217, ded-lih, frühlih — nordmin ركل

Rāmī Schütze, JS 88, früh-spätlih — neuar رمى

Raʿn-amar R. befiehlt, JS 108, ded رعنامر

Raʿn-amid R. zürnt, JS 116, spätlih رعنامد

Raʿn-laṭaʿ < R.-lafaʿ R. umfaßt, JS 142, spätlih رعنلطع

Rašam/Rāšim, JS 318.1, spätlih رشم

Rifd/Rufaid? s. Wörterverzeichnis. JS 208 رفد

Riʿl, No 47 — ar رعل

Rubaf<Rubaṭ, JS 97, frühlih — „tham", ar ربف

Rubdat/Rabdat, JS 135.1, spätlih, vgl. „tham" Rabd ربدت

Saʿd/Saʿīd Glück/glücklich, No 13.2, 103; JS 264, 319, frühlih-spätlih — nordmin, südar, „tham", nab, saf, ar سعد

Saʿd-Il, H 442.2. nordmin سعدال

Saʿd-Lāh, JS 318.2—3, spätlih — sab, „tham", saf; nab, ar: Saʿdallāh سعدله

Salūl, JS 99, spätlih — „tham", ar سلل

Saʾūl, JS 86, ded — hebr: Šāʾūl سال

Salamat/Salāmat/Salimat, JS 198, spätlih — „tham", nab, ar سلمت

Salīḥ, No 80.5 — „tham", saf, ar سلح

Sālim/Salm/Sulaim, No 9.4.7, 37, 111 (hier, falls Salm, vielleicht Frauenname); JS 27, ded — nordmin, sab, „tham", nab, saf, ar سلم

Salmā, No 32.6, 92.3 (hier Frauenname) — ar سلمه

Samām Mauersegler? No 71.2, JS 201.1, spätlih, vgl. „tham" Samāmat سمم

Samāwī! Erhebe dich! Beiname, No 75.5 سموى

Samš < Šams Sonne, JS 379.2, spätlih سمش

Sīd? Wolf, s. Sūd. No 80.2 — „tham", saf; ar mit Art. سد

Simāk, No 58 — „tham" 2, saf, ar — سمك

Si'r/Su'air, JS 126, ded — „tham", saf, ar — سعر

Sūd — سد
s. Sīd, No 80.2 — „tham", saf, ar

Šabaṯ
s. Baṭaš

Šabīb, JS 102, ded, vgl. ['Abd-] Šabīb — saf, ar — شبب

Šag'ā, vgl. ar Ašga', JS 239, 350.2, frühlih — شجعه

Šagrā, No 69.1 — شجره

Šahr Mond, No 22.1, 55 — südar — شهر

Šai' Geselle, JS 104, 149.1, 160, ded — ar — شيع ، شع

Šai'-Lāt, JS 322, frühlih — ar: Šai'allāt — شعلت

Šaib, JS 16, ded-lih — „tham", saf — شب

Šaibat, JS 355, spätlih — ar — شبت

Šaim Patron, JS 339.1, frühlih — شم

Šaim-Il, JS 157, ded — شيم ال

Šākir dankend, No 45.1; JS 310 (idem), 136, ded — frühlih — nordmin, saf, ar — شكر

Šākirat dankende, Frauenname, No 56.1 — „tham" — شكرت

Šallāl/Šulail, No 28.1; JS 167 (mit Art.), 226, 250.2, frühlih, minäis, spätlih — ar: beide mit Art. — شلل

Šamir/Šimr, JS 165.2, spätlih — qat, sab, ar — شمر

Šāmit, No 29.3 (Šimat?), JS 126, 303, ded, frühlih — vgl. spätnordmin Šamit-Il, JS 158.3 — saf — شمت

Šammā, zu ar: ašamm mit hochrückiger Nase, JS 280, spätlih — شمه

Šammās/Šams, JS 301, spätlih — nordmin, sab, vgl. Samš — شمس

Šamtā, JS 249, 251.2, frühlih — شمته

Šanf-Manāt Ohrring der M. JS 355.2.3, spätlih — شنفمنت

Šarḫ/Šuraiḥ, JS 252.3, frühlih — südar, saf, ar — شرح

Šātim/Šattām, hā-, JS 156, ded — „tham" — ه شتم

Šibh-ḫayau halbtot, JS 332.2, ded — شبهحيو

Šimat (? Šāmit), Beiname, No 29.3 — شمت

Ṣalm-gadd Ṣ. ist Glück JS 314.2, frühlih — صلمجد

Ṣalm-yaḥubb Ṣ. ist freundlich, JS 382, frühlih — صلميحب

Ṣiqā < Siqā Schlauch, JS 121.1, ded, s. oben S. 61 — صقو

Ṣirm/Ṣarīm/Ṣuraim, JS 330, frühlih — (die beiden letzten) ar — صرم

Tabgug, JS 360, spätlih — تبجج

Tahnu'/Tahni'-Manōt M. gibt, JS 319, frühlih — تهنامنوت

Taḫmai < äg Ptaḥmai, No 26.4—5 — تخمى

Taim Sklave, JS 194, 225, minäis, spätlih — nordmin, "tham", nab, saf, ar — تم

Taim-Lāh, JS 91 (?), 140, 146, 365.1, frühlih-spätlih — „tham"; nab, ar: Taimallāh — تمله

Taim-Lāt, JS 256.1, frühlih — "tham"; ar: Taimallāt — تملت

Ta'lah, JS 208, spätlih — vgl. "tham" 'Alihat (so zu lesen) — تعله

Taquss/Taqīs, JS 315 تقس

Taṣurr sie preßt, vgl. Ba'lat-taṣurr. JS 328, frühlih — vgl. sab: Yaṣurr تصر

Tiḥyāu (Ḏū- ?) Familienname, JS 190; No 68.1, frühlih, früh-spätlih — spätnordmin (JS 337) تحيو

Tinnīl < Tinn-Il Gefährte Il's, Name eines Mannes aus dem heutigen Tebuk, No 91.2 — "tham" تنيل

Tulmai < Ptolemaios, No 72.6, 74.3, 75.5, 82.12 — nab تلمى

Tūd, Baum- oder Strauchart. JS 171, ded تد

Ṯu'al Fuchs, JS 162, ded-lih — "tham", ar ثعل

Ṯumām Wüstengras, No 106.1 — vgl. ar: Ṯumāmah ثمم

Ṭalai Lämmchen/Zicklein, JS 121.2, ded طلى

Ṭalāl, JS 382, frühlih bei Taima — neuar طلل

T n r m f t, No 90.4 طنرمفط

Ṭaud Berg, No 8 — ar طد

'Udaibat ?, vgl. ar 'udabī freigebig. No 99, JS 240 (idem), spätlih عدبت

'Ulaim Dem. zu ar A'lam: mit einer Hasenscharte behaftet. No 104; JS 172, ded-spätlih — ar علم

'Ulṭat Halsband, JS 379, frühlih علطت

'Unais, JS 89, spätlih — vgl. ar 'Ans عنيس

'Unaizah (? 'Anazah) Zicklein, No 91.1 عنزه

'Uṣm/'Āṣim/'Iṣām/'Uṣaim No 78.2; M 69.1 frühlih — ar عصم

'Uṯmān, JS 231, spätlih — "tham", ar عثمن

Wabrah Klippschlieferweibchen, JS 343, spätlih — ar وبره

Wada'-Lāh L. hat anvertraut, JS 252, frühlih ودعله

Wadī'/Wādi', vgl. ar Wadī'ah/Wādi'ah. No 16.2; JS 290, frühlih — nab, saf: Wādi' ودع

Wahb Gabe, Kurzform eines theoph. Namens. No 79.2 — nordmin, min, sab, "tham", saf, nab, ar وهب

Wahb-Lāh, No 64.1, 75.1, 82.1 (idem), 85.1; JS 168, 229, 352 frühlih-spätlih — nab, saf, ar: Wahballāh وهبله

Wahb-Yiṯa', JS 325, ded — "tham" 2 وهبيثع

Wā'il Zufluchtsuchend, No 15.1, 87.4; JS 43.1, 211, 275, frühlih-spätlih — nordmin, sab, saf, "tham", ar وال

Wā'ilah, JS zu 251, 320, 360; spätlih — südar, "tham", saf, ar واله

Wa'lān, JS 134, spätlih — "tham" والن

Wānī schlaff, No 17.2 ونى

Warau-Il M 57.3 (Name eines Minäers), JS 316.2, frühlih — sab, qat, "tham" ورال

Wasaq-Il, JS 329, ded-lih — "tham" وسقال

Wasaqat, No 89.1 — وسقت

Wāšiḥ, JS 341, spätlih — ar — وشح

Watt < Watid, No 7 — وت

Yabalān, JS 100, ded — vgl. nordmin Ḏū Yabal — يبلن

Yabṭa', JS 111, ded — يبطع

Yada' Er weiß, No 56.3 — "tham", saf — يدع

Yafa'ān, Ḏū-, nordmin Familienname, JS 197.2, 216.2, frühlih — ذيفعن

Yāfi', Ahl Bin-, „tham" Familienname, JS 162, ded-lih — nordmin, sab, „tham", saf — اهل بن يافع

Yām, Kurzform eines theoph Namens wie Yām-Manāt (IH 412, 13). JS 231, spätlih — ar — يم

Yamsik-Il Il hält fest, JS 369, spätlih vom Wege Dedan—el-Higr — يمسكال

Yamṭa', JS 117, spätlih — يمطع

Yarta', JS 339.2, frühlih — يرتع

Ya'ūd/Ya'udd, JS 121, ded — saf — يعد

Yiṯa'-amar Y. befiehlt, No 2 — sab, "tham" 1 — يثعامر

Yiṯa'-ḥann Y. ist mitleidsvoll, JS 192, spätlih — يثعحن

Y ṯ ', No 52 — يثع

Yu'arrir Er sendet Schwären, JS tam. 251.c, ded-lih am Wege el-Higr—Taima — sab — يعرر

Yu'auwis-Il Il gibt Ersatz, Name eines Minäers, JS 105, ded — nordmin, min, sab, "tham" — ياوسال

Yuhaḏkır, JS 125, ded-lih — يهذكر

Zabd, s. Zubaid — زبد

Zabdai, Name eines Palmyreners, JS min. 82.3, spätlih — زبدى

Zaid Zugabe, Kurzform eines theoph Namens, JS 74 bis, 129, 250, 298.1.3, frühlih-spätlih — "tham", saf, ar — زد

Zaid-Ḏū-ġābat, No 21.1, 74.1 — زدذغبت

Zaid-Ġauṯ, JS 298.2, spätlih — زدغث

Zaid-Hāni'-Kātib, No 16.1, JS 358 frühlih — زدهنا كتب

Zaid-Ḫarg, No 86.1, 92.2 — ردخرج

Zaid-Lādd, JS 206 minäis — زدلد

Zaid-Lāh, No 71.1—2, 101, 105; JS 340 spätlih — زدله

Zaid-Manāt, No 85.1; JS 165, 209, 228, 316, 362, frühlih-spätlih — ar — زدمنت

Zaid-Qānī, No 75.1, 82.1 (idem) — زدقنى

Zaid-Wadd Name eines Minäers, No 9.4—5 — nordmin — زدود

Zaidat, JS 14.2, spätlih aus el-Higr — زدت

Zaidhu sein Z. JS 184, ded-lih — زده

Zaidhum ihr (eorum) Z. JS 207, spätlih — زدهم

Z m d, vgl. äthiop zamad (JS), No 54.1, JS 285, frühlih-spätlih — زمد

Zubaid/Zabd, JS 170, JS tam. 506, 525 (idem), ded, ded-lih — sab, nab, saf, ar — زبد

Ẓarib, JS 95, spätlih — nordmin, südar, ar ظرب

Orte

Dedān, No 1, 55, 71.5 ددن

Ḏū- āfā‘, 82.4 ذافع

Ḥigr, al-, No 91.5 (ا)لحجر

Nušair, No 33.3 نشر

Rābig̱/Rābūg̱, No 33.3 ربغ

Šarm vgl. Wörterverzeichnis, No 31.3 شرم

Ṣau’ar, No 33.3 صار

Talib < Ṯalib > Eṯlib, No 39.4 تلب

Ṯirau, No 1 — vgl. den ar Ortsnamen Ṯiran, Yāqūt, s. v. ثرو

Uruk/Arīk Natan-Dād, No 3.3 ارك نتندد

Monate [1]

Munīr ?, No 91.5 منر

S m r , No 100.3 سمر

[1] Es kann sich natürlich auch um Jahreszeiten handeln. Die Liste der Monatsnamen der Thamūd, Bērūnī, Chronologie, 63, zeigt 6 Monatsnamen mit der Form muf‘il. Natürlich ist wenig Verlaß auf diese Liste. Wie in ähnlichen Fällen wird man einige überlieferte Monatsnamen gehabt haben, die nicht zu den altarabischen paßten, worauf man die übrigen systematisierend ergänzt hat.

Berichtigungen:

1. Setze in der Kolumne „Taima“ der Schrifttafel das in der Zeile Fā’ stehende Zeichen in die Zeile Zāy!
2. Zu S. 36 vgl. jetzt auch F. W. Albright, Dedan, in Geschichte und Altes Testament (Beiträge zur historischen Theologie 16), Tübingen 1953.

VERÖFFENTLICHUNGEN DER ARBEITSGEMEINSCHAFT FÜR FORSCHUNG DES LANDES NORDRHEIN-WESTFALEN

Bisher sind erschienen:

Heft 1

Prof. Dr.-Ing. *Friedrich Seewald, Technische Hochschule Aachen*
Neue Entwicklungen auf dem Gebiete der Antriebsmaschinen

Prof. Dr.-Ing. *Friedrich A. F. Schmidt, Technische Hochschule Aachen*
Technischer Stand und Zukunftsaussichten der Verbrennungsmaschinen, insbesondere der Gasturbinen

Dr.-Ing. *R. Friedrich, Siemens-Schuckert-Werke AG., Mülheimer Werk*
Möglichkeiten und Voraussetzungen der industriellen Verwertung der Gasturbine

52 Seiten, 15 Abbildungen, kartoniert, DM 4,25

Heft 2

Prof. Dr.-Ing. *Wolfgang Riezler, Universität Bonn*
Probleme der Kernphysik

Prof. Dr. *Fritz Micheel, Universität Münster*
Isotope als Forschungsmittel in der Chemie und Biochemie

40 Seiten, 10 Abbildungen, kartoniert, DM 3,20

Heft 3

Prof. Dr. *Emil Lehnartz, Universität Münster*
Der Chemismus der Muskelmaschine

Prof. Dr. *Gunther Lehmann, Direktor des Max-Planck-Instituts für Arbeitsphysiologie, Dortmund*
Physiologische Forschung als Voraussetzung der Bestgestaltung der menschlichen Arbeit

Prof. Dr. *Heinrich Kraut, Max-Planck-Institut für Arbeitsphysiologie, Dortmund*
Ernährung und Leistungsfähigkeit

60 Seiten, 35 Abbildungen, kartoniert, DM 5,—

Heft 4

Prof. Dr. *Franz Wever, Max-Planck-Institut für Eisenforschung, Düsseldorf*
Aufgaben der Eisenforschung

Prof. Dr.-Ing. *Hermann Schenck, Technische Hochschule Aachen*
Entwicklungslinien des deutschen Eisenhüttenwesens

Prof. Dr.-Ing. *Max Haas, Technische Hochschule Aachen*
Wirtschaftliche Bedeutung der Leichtmetalle und ihre Entwicklungsmöglichkeiten

60 Seiten, 20 Abbildungen, kartoniert, DM 6,—

Heft 5

Prof. Dr. *Walter Kikuth, Medizinische Akademie, Düsseldorf*
Virusforschung

Prof. Dr. *Rolf Danneel, Universität Bonn*
Fortschritte der Krebsforschung

Prof. Dr., Dr. *W. Schulemann, Universität Bonn*
Wirtschaftliche und organisatorische Gesichtspunkte für die Verbesserung unserer Hochschulforschung

50 Seiten, 2 Abbildungen, kartoniert, DM 4,—

Heft 6

Prof. Dr. *Walter Weizel, Institut für theoretische Physik, Bonn*
Die gegenwärtige Situation der Grundlagenforschung in der Physik

Prof. Dr. *Siegfried Strugger*, Universität Münster
Das Duplikantenproblem in der Biologie

Direktor Dr. *Fritz Gummert, Ruhrgas-AG., Essen*
Überlegungen zu den Faktoren Raum und Zeit im biologischen Geschehen und Möglichkeiten einer Nutzanwendung

64 Seiten, 20 Abbildungen, kartoniert DM 4,—

Heft 7

Prof. Dr.-Ing. *August Götte, Technische Hochschule Aachen*
Steinkohle als Rohstoff und Energiequelle

Prof. Dr. E. h. *Karl Ziegler, Max-Planck-Institut für Kohlenforschung, Mülheim (Ruhr)*
Über Arbeiten des Max-Planck-Instituts für Kohlenforschung

66 Seiten, 4 Abbildungen, kartoniert DM 4,75

Heft 8

Prof. Dr-Ing. *Wilhelm Fucks, Technische Hochschule Aachen*
Die Naturwissenschaft, die Technik und der Mensch

Prof. Dr. *Walther Hoffmann, Universität Münster*
Wissenschaftliche und soziologische Probleme des technischen Fortschritts

84 Seiten, 12 Abbildungen, kartoniert, DM 6,50

Heft 9

Prof. Dr.-Ing. *Franz Bollenrath, Technische Hochschule Aachen*
Zur Entwicklung warmfester Werkstoffe

Dr. *Heinrich Kaiser, Staatl. Materialprüfungsamt, Dortmund*
Stand spektralanalytischer Prüfverfahren und Folgerung für deutsche Verhältnisse

100 Seiten, 62 Abbildungen, kartoniert, DM 7,50

Heft 10

Prof. Dr. *Hans Braun, Universität Bonn*
Möglichkeiten und Grenzen der Resistenzzüchtung

Prof. Dr.-Ing. *Carl Heinrich Dencker, Universität Bonn*
Der Weg der Landwirtschaft von der Energieautarkie zur Fremdenergie

74 Seiten, 23 Abbildungen, kartoniert, DM 6,80

Heft 11

Prof. Dr.-Ing. *Herwart Opitz, Technische Hochschule Aachen*
Entwicklungslinien der Fertigungstechnik in der Metallbearbeitung
Prof. Dr.-Ing. *Karl Krekeler, Technische Hochschule Aachen*
Stand und Aussichten der schweißtechnischen Fertigungsverfahren

72 Seiten, 49 Abbildungen, kartoniert, DM 6,40

Heft 12

Dr. *Hermann Rathert, Mitglied des Vorstandes der Vereinigte Glanzstoff-Fabriken A. G., Wuppertal-Elberfeld*
Entwicklung auf dem Gebiet der Chemiefaser-Herstellung
Prof. Dr. *Wilhelm Weltzien, Direktor der Textilforschungsanstalt Krefeld*
Rohstoff und Veredlung in der Textilwirtschaft

84 Seiten, 29 Abbildungen, kartoniert, DM 7,—

Heft 13

Dr.-Ing. E. h. *Karl Herz, Chefingenieur im Bundesministerium für das Post- und Fernmeldewesen, Frankfurt a. M.*
Die technischen Entwicklungstendenzen im elektrischen Nachrichtenwesen
Ministerialdirektor Prof. *Leo Brandt, Düsseldorf*
Navigation und Luftsicherung

102 Seiten, 97 Abbildungen, kartoniert, DM 9,75

Heft 14

Prof. Dr. *Burckhardt Helferich, Universität Bonn*
Stand der Enzymchemie und ihre Bedeutung
Prof. Dr. *Hugo Wilhelm Knipping, Direktor der Med. Universitätsklinik Köln*
Ausschnitt aus der klinischen Carcinomforschung am Beispiel des Lungenkrebses

72 Seiten, 12 Abbildungen, kartoniert, DM 6,25

Heft 15

Prof. Dr. *Abraham Esau, Technische Hochschule Aachen*
Ortung mit elektrischen und Ultraschallwellen in Technik und Natur
Prof. Dr.-Ing. *Eugen Flegler, Technische Hochschule Aachen*
Die ferromagnetischen Werkstoffe der Elektrotechnik und ihre neueste Entwicklung

84 Seiten, 25 Abbildungen, kartoniert, DM 6,25

Heft 16

Prof. Dr. *Rudolf Seyffert, Universität Köln*
Die Problematik der Distribution
Prof. Dr. *Theodor Beste, Universität Köln*
Der Leistungslohn

70 Seiten, 1 Abbildung, kartoniert, DM 4,50

Heft 17

Prof. Dr.-Ing. *Friedrich Seewald, Technische Hochschule Aachen*
Luftfahrtforschung in Deutschland und ihre Bedeutung für die allgemeine Technik

Prof. Dr.-Ing. *Edouard Houdremont, Essen*
Art und Organisation der Forschung in einem Industrieforschungsinstitut der Eisenindustrie

90 Seiten, 4 Abbildungen, kartoniert, DM 5,50

Heft 18

Prof. Dr., Dr. *W. Schulemann, Universität Bonn*
Theorie und Praxis pharmakologischer Forschung

Prof. Dr. *Wilhelm Groth, Universität Bonn*
Technische Verfahren zur Isotopentrennung

72 Seiten, 17 Abbildungen, kartoniert, DM 5,—

Heft 19

Dipl.-Ing. *Kurt Traenckner, Stellvertr. Vorstandsmitglied der Ruhrgas-AG., Essen*
Entwicklungstendenzen der Gaserzeugung

26 Seiten, 12 Abbildungen, kartoniert, DM 2,50

Heft 20

M. Zvegintzow, Wissenschaftliche Forschung und die Auswertung ihrer Ergebnisse
Ziel und Tätigkeit der National Research Development Corporation

Dr. *Alexander King, Department of Scientific & Industrial Research, London*
Wissenschaft und internationale Beziehungen

88 Seiten, kartoniert, DM 4,60

Heft 21a

Prof. Dr. Dr. h. c. *Otto Hahn, Präs. der Max-Planck-Ges., Göttingen*
Die Bedeutung der Grundlagenforschung für die Wissenschaft

Prof. Dr. *Siegfried Strugger, Universität Münster*
Die Erforschung des Wasser- und Nährsalztransportes im Pflanzenkörper mit Hilfe der fluoreszenzmikroskopischen Kinematographie

74 Seiten, 26 Abbildungen, kartoniert, DM 5,80

Heft 22

Prof. Dr. *Johannes von Allesch, Universität Göttingen*
Die Bedeutung der Psychologie im öffentlichen Leben

Prof. Dr. *Otto Graf, Max-Planck-Institut, Dortmund*
Triebfedern menschlicher Leistung

80 Seiten, 19 Abbildungen, kartoniert, DM 4,80

Heft 23

Prof. Dr., Dr. h. c. *Bruno Kuske, Universität Köln*
Zur Problematik der wirtschaftswissenschaftlichen Raumforschung
Prof. Dr. Dr.-Ing. E. h. *Stephan Prager,* Präsident der deutschen Akademie für Städtebau und Landesplanung, Düsseldorf
Städtebau und Landesplanung

84 Seiten, kartoniert, DM 4,—

Heft 24

Prof. Dr. *Rolf Danneel, Universität Bonn*
Über die Wirkungsweise der Erbfaktoren
Prof. Dr. *K. Herzog, Krefeld*
Bewegungsbedarf der menschlichen Gliedmaßengelenke bei der Berufsarbeit

76 Seiten, 18 Abbildungen, kartoniert, DM 4,80

Heft 25

Prof. Dr. *Otto Haxel, Universität Heidelberg*
Energiegewinnung aus Kernprozessen
Dr.-Ing. Dr. *Max Wolf, Düsseldorf*
Gegenwartsprobleme der energiewirtschaftlichen Forschung

98 Seiten, 27 Abbildungen, kartoniert, DM 6,25

Heft 26

Prof. Dr. *Friedrich Becker, Universität Bonn*
Ultrakurzwellenstrahlung aus dem Weltraum
Dr. *H. Straßl, Universität Bonn*
Bemerkenswerte Doppelsterne und das Problem der Sternentwicklung

70 Seiten, 8 Abbildungen, kartoniert, DM 4,—

Heft 29

Prof. Dr. *Bernhard Rensch, Universität Münster*
Das Problem der Residuen bei Lernleistungen
Prof. Dr. *Hermann Fink, Universität Köln*
Über Leberschäden bei der Bestimmung des biologischen Wertes verschiedener Eiweiße von Mikroorganismen

96 Seiten, 23 Abbildungen, kartoniert

Heft 31

Prof. Dr.-Ing., Dr. h. c. *Fritz Mietzsch, Wuppertal*
Chemie und wirtschaftliche Bedeutung der Sulfonamide
Prof. Dr. *Gerhard Domagk, Wuppertal*
Die experimentellen Grundlagen der bakteriellen Infektionen

82 Seiten, 2 Abbildungen, kartoniert

Heft 32

Prof. Dr. *Hans Braun, Universität Bonn*

Die Verschleppung von Pflanzenkrankheiten und -schädlingen über die Welt

Prof. Dr. *Wilhelm Rudorf, Max-Planck-Institut für Züchtungsforschung, Voldagsen*

Der Beitrag von Genetik und Züchtung zur Bekämpfung von Viruskrankheiten der Nutzpflanzen

88 Seiten, 36 Abbildungen, kartoniert, DM 6,75

Heft 33

Prof. Dr.-Ing. *Volker Aschoff, Aachen*

Probleme der elektroakustischen Einkanalübertragung

Prof. Dr.-Ing. *Herbert Döring, Aachen*

Erzeugung und Verstärkung von Mikrowellen

74 Seiten, 23 Abbildungen, kartoniert

Heft 34

Geheimrat Prof. Dr. Dr. *Rudolf Schenck, Aachen*

Bedingungen und Gang der Kohlenhydratsynthese im Licht

Prof. Dr. *Emil Lehnartz, Universität Münster*

Die Endstufen des Stoffabbaues im Organismus

80 Seiten, 11 Abbildungen, kartoniert

Heft 36

Prof. Dr. phil. *Wolfgang Riezler, Universität Bonn*

Teilchenbeschleuniger

Prof. Dr. med. *Gerhard Schubert, Hamburg*

Anwendung neuer Strahlenquellen in der Krebstherapie

104 Seiten, 43 Abbildungen, kartoniert

Heft 40

Bergassessor *Fritz Lange, Bochum-Hordel*

Die wirtschaftliche und soziale Bedeutung der Silikose im Bergbau

Prof. Dr. *Walter Kikuth, Düsseldorf*

Die Entstehung der Silikose und ihre Verhütungsmaßnahmen

120 Seiten, 40 Abbildungen, kartoniert

In Vorbereitung sind:

Heft 21

Prof. Dr. *Robert Schwarz, Aachen*

Wesen und Bedeutung der Silicium-Chemie

Prof. Dr. *Kurt Alder, Universität Köln*

Fortschritte in der Synthese von Kohlenstoffverbindungen

Heft 27

Prof. Dr. *Heinrich Behnke, Universität Münster*
Der Strukturwandel der Mathematik in der ersten Hälfte des 20. Jahrhunderts

Prof. Dr. *E. Sperner, Bonn*
Eine mathematische Analyse der Luftdruckverteilungen in großen Gebieten

Heft 28

Prof. Dr. *Oskar Niemczyk, Aachen*
Die Problematik gebirgsmechanischer Vorgänge im Steinkohlenbergbau

Prof. Dr. *Wilhelm Ahrens, Krefeld*
Die Bedeutung geologischer Forschung für die Wirtschaft besonders in Nordrhein-Westfalen

Heft 30

Prof. Dr.-Ing. *Friedrich Seewald, Technische Hochschule Aachen*
Forschungen auf dem Gebiete der Aerodynamik

Prof. Dr.-Ing. *Karl Leist, Technische Hochschule Aachen*
Forschungen in der Gasturbinentechnik

Heft 35

Prof. Dr.-Ing. *H. Schenck, Aachen*
Gegenwartsprobleme der Eisenindustrie in Deutschland

Prof. Dr.-Ing. *E. Piwowarsky, Aachen*
Gelöste und ungelöste Probleme des Gießereiwesens

Heft 37

Prof. Dr. *F. Lotze, Münster*
Probleme der Gebirgsbildung

Bergwerksdirektor Bergassessor a. D. *Rauschenbach, Essen*
Die Erhaltung der Förderungskapazität des Ruhrbergbaues auf lange Sicht

Heft 38

Dr. *E. C. Cherry,* D. Sc., A.M.I.E.E., *London*
Cybernetics

Prof. Dr. *E. Pietsch, Clausthal-Zellerfeld*
Dokumentation und mechanisches Gedächtnis — zur Frage der Ökonomie der geistigen Arbeit

Heft 39

Dr. *H. Haase, Hamburg*
Infrarot und seine technischen Anwendungen

Prof. Dr. *A. Esau, Aachen*
Die Bedeutung des Ultraschalls für technische Anwendungsgebiete

Heft 40a

Prof. Dr. *E. Groß,* Bonn
Berufskrebs und Krebsforschung

Prof. Dr. *H. W. Knipping,* Köln
Die Situation der Krebsforschung vom Standpunkt der Klinik
und des praktischen Arztes

GEISTESWISSENSCHAFTEN

Bisher sind erschienen:

Heft 1

Prof. Dr. *Richter, Bonn*
Die Bedeutung der Geisteswissenschaften für die Bildung unserer Zeit
Prof. Dr. *J. Ritter, Münster*
Die aristotelische Lehre vom Ursprung und Sinn der Theorie
64 Seiten, kartoniert, DM 3,50

Heft 2

Prof. Dr. *J. Kroll, Köln*
Elysium
Prof. Dr. *G. Jachmann, Köln*
Die vierte Ekloge Vergils
72 Seiten, kartoniert, DM 3,75

Heft 3

Prof. Dr. *H. E. Stier, Münster*
Die klassische Demokratie
100 Seiten, kartoniert, DM 6,—

Heft 5

Prof. Dr. *Th. Ohm, Münster*
Stammesreligionen im südlichen Tanganyika-Territorium
80 Seiten, 25 zum Teil mehrfarbige Abbildungen, kartoniert, DM 11,50

Heft 6

Prälat Prof. Dr. *G. Schreiber, Münster*
Deutsche Wissenschaftspolitik von Bismarck bis zum Atomwissenschaftler Otto Hahn
102 Seiten, 7 Bilder, kartoniert, DM 6,25

Heft 7

Prof. Dr. *W. Holtzmann, Bonn*
Das mittelalterliche Imperium und die werdenden Nationen
28 Seiten, kartoniert, DM 2,50

Heft 8

Prof. Dr. *W. Caskel, Köln*
Die Bedeutung der Beduinen in der Geschichte der Araber
44 Seiten, kartoniert, DM 2,75

Heft 13

Prof. Dr. *Max Braubach, Bonn*
Der Weg zum 20. Juli 1944 — Ein Forschungsbericht

48 Seiten, kartoniert, DM 3,25

Heft 15

Prof. Dr. *Franz Steinbach, Bonn*
Der geschichtliche Weg des wirtschaftenden Menschen in die soziale Freiheit und politische Verantwortung

76 Seiten, kartoniert, DM 3,80

Heft 17

Prof. Dr. *James Conant, US-Hochkommissar für Deutschland*
Staatsbürger und Wissenschaftler
Prof. Dr. D. *Karl H. Rengstorf, Universität Münster*
Antike und Christentum

48 Seiten, 2 Abbildungen, kartoniert, DM 3,50

Heft 19

Prof. Dr. *Fritz Schalk, Köln*
Das Lächerliche in der französischen Literatur des Ancien Régime

42 Seiten, kartoniert

Heft 20

Prof. Dr. *Ludwig Raiser, Bad Godesberg*
Rechtsfragen der Mitbestimmung

48 Seiten, kartoniert, DM 2,50

Heft 21

Prof. D. *Martin Noth, Bonn*
Das Geschichtsverständnis der alttestamentlichen Apokalyptik

36 Seiten, kartoniert, DM 2,20

Heft 22

Prof. Dr. *Walter F. Schirmer, Bonn*
Glück und Ende der Könige in Shakespeares Historien

32 Seiten, kartoniert

In Vorbereitung sind:

Heft 9

Prälat Prof. Dr. *G. Schreiber, Münster*
Iroschottische und angelsächsische Kultureinflüsse im Mittelalter

Heft 10

Prof. Dr. *P. Rassow, Köln*
Forschungen zur Reichsidee im 16. und 17. Jahrhundert

Heft 11

Prof. Dr. *H. E. Stier, Münster*
Roms Aufstieg zur Weltherrschaft

Heft 12

Prof. Dr. D. *K. H. Rengstorf, Münster*
Zum Problem der Gleichberechtigung zwischen Mann und Frau auf dem Boden des Urchristentums

Prof. Dr. *H. Conrad, Bonn*
Grundprobleme einer Reform des Familienrechts

Heft 14

Prof. Dr. *Paul Hübinger, Münster*
Das deutsch-französische Verhältnis und seine mittelalterlichen Grundlagen

Heft 16

Prof. Dr. *Josef Koch, Köln*
Die Ars coniecturalis des Nikolaus von Cues

Heft 18

Prof. Dr. *Richard Alewyn, Köln*
Klopstocks Publikum

Heft 23

Prof. Dr. *Günther Jachmann, Köln*
Der homerische Schiffskatalog und die Ilias

Heft 24

Prof. Dr. *Theodor Klauser, Bonn*
Die römischen Petrustraditionen im Lichte der neuen Ausgrabungen unter der Peterskirche

Heft 25

Prof. Dr. *Hans Peters, Köln*
Der Grundsatz der Gewaltentrennung in heutiger Sicht

GPSR Compliance

The European Union's (EU) General Product Safety Regulation (GPSR) is a set of rules that requires consumer products to be safe and our obligations to ensure this.

If you have any concerns about our products, you can contact us on ProductSafety@springernature.com

In case Publisher is established outside the EU, the EU authorized representative is:

Springer Nature Customer Service Center GmbH
Europaplatz 3
69115 Heidelberg, Germany

Batch number: 10584556

Printed by Printforce, the Netherlands